BIM 技术在绿色装饰中的创新研究

彭 璐 著

图书在版编目（CIP）数据

BIM技术在绿色装饰中的创新研究/彭璐著.
西安：陕西科学技术出版社，2024.12. -- ISBN 978-7-5369-9028-9

Ⅰ.TU238.2-39
中国国家版本馆CIP数据核字第2024V6H820号

BIM JISHU ZAI LUSE ZHUANGSHI ZHONG DE CHUANGXIN YANIU
BIM技术在绿色装饰中的创新研究
彭　璐　著

责任编辑	郭　勇　赵　冰
封面设计	卫晨亮

出 版 者	陕西科学技术出版社 西安市曲江新区登高路1388号陕西新华出版传媒产业大厦B座 电话（029）81205187　传真（029）81205155　邮编710061 http://www.snstp.com
发 行 者	陕西科学技术出版社
电　　话	（029）81205180　81205190
印　　刷	北京四海锦诚印刷技术有限公司
规　　格	720mm×1000mm　　16开本
印　　张	9.875
字　　数	160千字
版　　次	2024年12月第1版
印　　次	2025年1月第1次印刷
书　　号	ISBN 978-7-5369-9028-9
定　　价	68.00元

版权所有　翻印必究

前言

在建筑行业，绿色装饰一直是一个备受关注的话题。随着人们对可持续发展和环保意识的不断增强，绿色装饰作为一种绿色建筑技术，受到了越来越多的关注和重视。而随着信息技术的发展，建筑信息模型（BIM）技术作为一种先进的数字化工具也逐渐在建筑行业中广泛应用，为绿色装饰的实施提供了新的可能性。

BIM技术在绿色装饰中的创新研究，不仅可以提高装饰效果和施工质量，同时也可以减少资源浪费和环境污染。通过BIM技术，设计师和施工方可以在建筑装饰设计阶段就对材料、工艺和施工流程进行全面的模拟和优化，从而更好地实现绿色装饰的理念和目标。

本次研究将探讨BIM技术在绿色装饰中的应用，并通过实例分析和数据统计，展示BIM技术在绿色装饰中的创新优势和实际效果。通过研究，我们将全面了解BIM技术在绿色装饰中的作用和影响，为推动绿色装饰的发展和应用提供有力的支持和指导。

本研究将从绿色装饰的相关概念和理论入手，介绍BIM技术的基本原理和应用方法，结合具体案例分析，展示BIM技术在绿色装饰中的具体操作和效果。通过对比研究和综合分析，我们将提出一些关于BIM技术在绿色装饰中的创新应用和发展趋势的建议，为相关行业提供参考和借鉴。

本研究的意义和价值在于通过BIM技术的应用，实现绿色装饰的智能化和高效化，推动建筑行业向更加绿色、环保、可持续的方向发展。同时，也为BIM技术在其他领域的应用和推广提供了新的思路和参考，促进了建筑行业的创新和发展。

希望通过本研究，可以为绿色装饰和BIM技术的结合提供一些新的想法和方向，为建筑行业的可持续发展贡献一份力量，推动绿色建筑技术的广泛应用和推广，实现可持续发展的目标。让我们共同努力，共同探索，共同创新，为美丽的家园做出更大的贡献！

本书由彭璐撰写，曾德琦、于颖对整理本书书稿亦有贡献。

目录

第一章 BIM技术在绿色装饰中的应用背景与研究现状 … 1
- 第一节 BIM技术在建筑行业中的发展历程 … 1
- 第二节 绿色装饰行业背景分析 … 4
- 第三节 BIM技术在绿色装饰领域中的应用现状 … 7
- 第四节 绿色建筑与BIM技术的融合发展 … 9

第二章 绿色装饰的理论框架与BIM技术的融合 … 14
- 第一节 绿色装饰的概念和原理 … 14
- 第二节 BIM技术在绿色装饰中的应用 … 19
- 第三节 绿色装饰与BIM技术的融合 … 22
- 第四节 绿色装饰与BIM技术的未来展望 … 25

第三章 BIM技术在绿色装饰项目中的应用及研究方法 … 28
- 第一节 BIM技术在绿色装饰项目中的介绍 … 28
- 第二节 BIM技术在绿色装饰项目中的应用案例 … 30
- 第三节 研究方法和工具 … 33

第四章 典型绿色装饰案例研究及BIM技术应用 … 36
- 第一节 住宅绿色装饰案例研究 … 36
- 第二节 商业建筑绿色装饰案例研究 … 47
- 第三节 公共空间绿色装饰案例研究 … 57
- 第四节 工业绿色装饰案例研究 … 70

第五章 研究结果与讨论：BIM技术对绿色装饰的贡献 … 80
- 第一节 BIM技术在绿色装饰中的应用情况分析 … 80
- 第二节 BIM技术在绿色装饰中的优势与挑战分析 … 88
- 第三节 BIM技术在绿色装饰中的未来发展趋势展望 … 97

第六章 结论与未来研究方向 … 107
- 第一节 结论总结 … 107
- 第二节 未来研究方向 … 124
- 第三节 研究展望 … 138

参考文献 … 151

第一章 BIM 技术在绿色装饰中的应用背景与研究现状

第一节 BIM 技术在建筑行业中的发展历程

一、传统装饰行业存在的问题

传统装饰行业存在的问题，包括人工成本高、效率低、材料浪费严重、设计与施工环节难以衔接等方面的挑战。随着社会经济的不断发展和人们对绿色环保的关注，传统装饰业面临着转型升级的压力。传统装饰行业缺乏高效的信息共享平台和精细化管理手段，无法满足绿色装饰领域对高品质、低成本、短工期的需求，亟需运用先进的技术手段来提升装饰业的整体水平。BIM 技术作为一种先进的建模工具，可以在设计、施工、运营及维护等建筑全生命周期的各个阶段提供可视化、数据化、智能化的管理服务，有望解决传统装饰行业存在的种问题。

传统装饰行业的转型升级势在必行，迫切需要借助先进技术的力量进行革新。BIM 技术的引入，为传统装饰业注入了新的活力和希望。通过 BIM 技术，装饰企业可以实现设计与施工的高度协同，从而提高工作效率，降低成本，减少材料浪费，实现绿色环保的目标。同时，BIM 技术还可以为装饰企业提供全方位的管理服务，包括项目进度监控、资源优化配置、质量控制等方面，助力企业实现精细化管理和智能化运营。

在传统装饰业中，人工成本一直是一个难题，通过 BIM 技术的应用，可以实现工种分配的智能化和优化，让不同工种的人员在合适的时间、合适的地点进行工作，从而节约人力成本，提高施工效率。BIM 技术还可以实现装饰设计与实施的高效对接，避免设计与施工之间的信息传递不畅引起的问题，提高整体的装饰质量和客户满意度。

通过 BIM 技术的应用，传统装饰业也能更好地应对市场竞争的挑战。通过实现高品质、低成本、短工期的装饰项目，企业可以更好地满足客户的需求，提升市场竞争力，实现可持续发展。随着技术的不断发展和装饰行业的不断进步，相信传统装饰行业在 BIM 技术的引领下，必将迎来更加美好的明天。

二、BIM 技术在建筑行业中的应用优势

BIM 技术在建筑行业中的发展历程自 20 世纪 90 年代开始引入，经过多年的发展演变，逐渐成为建筑行业中不可或缺的重要工具。其在设计、施工、运营与维护等各个阶段均发挥着重要作用，极大地提高了工作效率，降低了成本，同时提升了建筑质量。与传统设计方式相比，BIM 技术具有更强的集成性和协同性，能够实现各个专业之间的信息共享和协作。在建筑行业中推广应用 BIM 技术，将有助于实现数字化、智能化的建筑生产，推动建筑行业的转型升级。

BIM 技术在建筑行业中的应用优势体现在多个方面。BIM 技术能够实现建筑设计的数字化和三维化，为设计人员提供更直观、更形象的设计工具，有助于设计师更好地表达自己的设计理念。BIM 技术能够实现模型的信息共享，实现建筑各专业之间的无缝协作，避免信息孤岛现象，提高了设计效率和协作效率。BIM 技术可以模拟建筑物的施工、运营和维护过程，帮助相关人员更好地理解建筑物的结构和功能，提前发现潜在问题，提高施工质量和建筑物的运营效率。BIM 技术还可以实现建筑物的数字化管理，提高建筑物的管理效率，延长建筑物的使用寿命，减少对环境的影响，实现建筑的可持续发展。

在未来，随着科技的不断发展和智能建筑的不断普及，BIM 技术在建筑行业中的应用前景将更加广阔。同时，建筑行业也将积极探索 BIM 技术在绿色装饰领域的应用，利用 BIM 技术优势，推动绿色装饰的创新，实现建筑的节能、环保、智能化，促进建筑行业的可持续发展。愿更多的建筑领域的从业人员认识到 BIM 技术的重要性，积极应用，不断创新，共同推动建筑行业向着更加智慧、绿色、可持续的方向发展。

在建筑行业中，BIM 技术的应用优势不仅在于提高施工质量和建筑物的运营效率，还可以有效减少建筑过程中的浪费和误差。通过 BIM 技术，建筑设计、施工、运营等各个环节可以实现信息共享和协同工作，从而更好地满足客户需求，提高整体效益。BIM 技术还可以帮助建筑师、设计师和工程师更好地沟通和协作，快速解决问题，提高项目执行的效率和质量。

未来，随着建筑行业数字化和智能化的发展，BIM 技术将更加深入地应用于建筑设计、施工和管理领域。通过 BIM 技术，建筑物的设计将更加符合人类的需求和生活方式，建筑物功能和效率将得到进一步提升。同时，BIM 技术还将促进建筑行业向着绿色环保和可持续发展的方向迈进，推动建筑行业实现资源的有效利用和环境的保护。

在这个变革的时代，建筑行业的从业者需要不断学习和掌握新技术，拥抱变革，

积极应用 BIM 技术进行创新。只有不断适应和引领技术发展的潮流，建筑行业才能迎接未来的挑战，实现更加智慧、高效和可持续的发展。相信在 BIM 技术的引领下，建筑行业将迎来更加辉煌的明天。

三、BIM 技术在装饰领域中的前沿应用案例

BIM 技术在建筑行业中的发展历程经历了从初期的试验阶段到如今逐渐成熟的过程，其中涵盖了建模、协同设计、施工管理和运营维护等多个领域。随着技术的不断发展和完善，BIM 技术在建筑行业中的应用范围逐渐扩大，为建筑行业的发展注入了新的活力。在装饰领域中，BIM 技术的前沿应用案例为绿色装饰提供了更多的可能性和创新空间，通过实时的数据共享和多维度的信息展示，使设计师和施工团队之间能够更好地协作和沟通，从而实现装饰设计和施工过程的高效、精准和可持续发展。通过 BIM 技术，装饰行业可以更好地实现设计理念的呈现，提高装饰效果的质量和可持续性，为绿色装饰提供了更多的技术支持和保障，推动了装饰行业的发展和进步。

BIM 技术的应用为装饰行业带来了翻天覆地的变化。在过去，装饰设计和施工往存在着信息传递不畅、设计方案不准确、施工效率低下等问题，而 BIM 技术的介入，实现了数据的实时共享和多维信息的展示，使设计师和施工团队可以更好地协作和沟通。这种高效的沟通和协作模式，极大地提高了装饰设计和施工的效率和准确性。

通过 BIM 技术，装饰行业能够更好地实现设计理念的表达和呈现。设计师可以通过 BIM 软件进行实时的三维建模和模拟，将设计理念直观地展现给客户和施工团队，从而减少了方案修改的次数和误差。同时，BIM 技术能够对装饰项目进行全面的可视化展示，为客户提供更直观、更真实的装饰效果预览，增强了设计方案的可信度和吸引力。

在装饰施工阶段，BIM 技术的应用也为装饰行业带来了巨大的益处。施工团队可以通过 BIM 软件进行施工模拟和优化，实现施工艺的精细化和效率化。同时，通过 BIM 技术，施工现场的监控和管理变得更加有效和精准，可以实时检测施工质量和进度，及时发现和修正问题，提高了装饰工程的施工质量和效率。

总的来说，BIM 技术的前沿应用案例为装饰行业注入了更多的创新和活力，推动了行业的可持续发展和进步。通过 BIM 技术，装饰行业不仅可以提高设计效率和施工质量，还能为绿色装饰提供更多的技术支持和保障，实现装饰行业的可持续发展和健康发展。

第二节 绿色装饰行业背景分析

一、绿色装饰的概念及意义

绿色装饰的概念及意义：绿色装饰是指在装饰和装修过程中，以节能、环保、健康为理念，选择环保材料和技术，追求室内环境质量和居住舒适度的装饰方式。在当今社会，随着环境保护意识的增强和人们对健康生活的追求，绿色装饰受到越来越多人的青睐。绿色装饰的意义在于提高室内环境的质量，降低装饰过程对环境的影响，保护人们的健康，促进可持续发展。通过采用绿色装饰，不仅可以改善居住环境，也有利于减少能源消耗和减少对自然资源的浪费，为建筑行业的可持续发展做出积极贡献。

绿色装饰不仅是一种装饰方式，更是一种生活理念和社会责任。随着人们生活水平的提高和环境意识的增强，绿色装饰已经成为一种时尚趋势。在绿色装饰中，可以选择使用可再生材料、节能灯具、无毒环保涂料等，从而为室内环境打造一个健康、舒适、安全的居住空间。

绿色装饰的发展不仅对个人家庭有益，也有助于整个社会的可持续发展。它可以在一定程度上减少建筑行业对资源的消耗，降低能源消耗，减少环境污染，从而保护地球生态环境。同时，采用绿色装饰可以改善室内空气质量，减少甲醛等有害物质的释放，为家庭成员的健康提供保障。

除此之外，绿色装饰还可以促进产业的转型升级。随着绿色产业的兴起，绿色装饰行业也在不断壮大，为相关产业带来了广阔的市场空间和发展机遇。同时，绿色装饰也促进了科技的进步和创新，推动了装饰材料和技术的升级，为装饰行业的可持续发展注入了新的活力。

总的来说，绿色装饰不仅是简单的装修方式，更是一种社会责任和生活态度。通过选择绿色装饰，我们不仅可以改善家庭居住环境，还可以为环境保护和可持续发展做出贡献，让我们的生活更加健康、舒适和美好。

二、绿色装饰的发展趋势

绿色装饰行业背景分析时，我们需要考虑到绿色装饰在建筑行业中的重要性。随着人们对可持续发展和环境保护意识的提高，绿色装饰作为一种环保的装饰方式逐渐受到关注。绿色装饰通过选择环保材料、节能技术和循环利用资源等手段，为建筑带来更加健康、舒适和可持续的环境。而随着绿色建筑理念的普及，绿色装饰行业也迎来了发展的机遇。

绿色装饰的发展趋势主要体现在技术创新和市场需求两方面。在技术创新方面，随着信息技术的快速发展，建筑信息模型（BIM）技术作为一种数字化建模工具已经被广泛应用于建筑行业。BIM 技术能够实现对建筑设计、施工和运营全过程的数字化管理，为绿色装饰提供了更加精准和高效的解决方案。在市场需求方面，消费者对环保和健康的需求越来越强烈，绿色装饰作为一种环保的装饰方式将会受到更多的追捧。因此，绿色装饰行业未来的发展趋势将是技术创新和市场需求的双重推动下不断壮大。

随着社会对环保意识的提高，绿色装饰行业将继续呈现出蓬勃发展的态势。未来，绿色装饰领域将更加注重创新和技术应用，致力于将环保理念融入每一个装饰项目中。同时，随着城市化进程的不断加快，市场对绿色装饰的需求也将持续增长，推动行业不断创新和发展。

在技术创新方面，绿色装饰将更加注重数字化技术的应用，通过智能化系统实现对装饰材料的选择、运输和施工过程的全程监控，提高装饰效率并减少资源浪费。同时，生物技术、新能源技术等领域的不断发展也将为绿色装饰行业的创新提供更广阔的空间，推动绿色装饰行业不断迈向高端化和智能化的发展方向。

在市场需求方面，消费者对环保和健康的关注将成为绿色装饰行业发展的重要动力。绿色装饰不仅可以为建筑带来更加舒适和健康的环境，同时也能够为居民提供更具品质和环保意识的生活方式。因此，随着消费者需求的不断提升，绿色装饰行业将在不断追求绿色、环保、可持续的发展道路上不断前行。

绿色装饰行业的发展趋势将会在技术创新和市场需求的双重推动下不断壮大，为建筑行业和消费者带来更加健康、环保、高品质的装饰解决方案。愿我们共同努力，共同见证绿色装饰行业的繁荣发展，为建设美丽的绿色家园贡献自己的力量。

三、绿色装饰标准及认证体系

在当前社会发展的背景下，绿色装饰行业逐渐成为人们关注的焦点。随着人们对环保和健康意识的增强，绿色装饰行业也逐渐受到重视。绿色装饰不仅关注外观和美观性，更注重材料的环保性和对人体健康的影响。因此，绿色装饰行业正逐渐走向规范化和标准化。

针对绿色装饰行业的迅速发展，各国纷纷推出了相关的绿色装饰标准和认证体系。这些标准和认证体系对于规范绿色装饰行业的发展起着重要作用。通过遵循绿色装饰标准和认证体系，可以保证装饰材料和产品的环保性和质量，从而保障装饰工程的质量和人体健康。

绿色装饰标准和认证体系的建立与完善，不仅有利于规范行业的发展，还可以提升企业的竞争力和品牌形象。通过获得相关的认证资质，企业可以证明其产品和服务的优质性和环保性，吸引更多消费者的青睐。因此，绿色装饰标准和认证体系的建立是绿色装饰行业可持续发展的重要保障。

总的来说，绿色装饰行业的发展需要依靠相关的标准和认证体系的支持。只有通过遵循绿色装饰标准和认证体系，我们才能实现绿色装饰行业的可持续发展，为人们营造一个健康、环保的生活空间。希望未来绿色装饰行业能够更加规范化和标准化，为社会的可持续发展做出积极贡献。

绿色装饰标准和认证体系的建立是保障装饰工程质量和人体健康的重要途径。在当今社会环保意识日益增强的背景下，绿色装饰已成为一种潮流和趋势。尤其是在城市化进程不断加快的情况下，人们对居住环境的要求也越来越高，迫切需要一种能够保证室内空气质量和舒适度的装饰方案。

通过绿色装饰标准和认证体系的引导，装饰材料和产品将更加环保和安全，有效减少室内有害气体的释放，为人们创造一个健康的生活空间。同时，企业在追求经济效益的同时，也能够承担起社会责任，回馈社会、服务消费者。随着绿色装饰标准和认证体系的逐渐完善，绿色装饰行业也将不断向前发展，为城市建设和环境保护贡献一份力量。

尤其是在疫情防控期间，人们对居住环境的要求更加严苛，绿色装饰行业的重要性愈发凸显。通过绿色装饰标准和认证体系，我们可以更加有效地控制室内粉尘、甲醛等有害物质的浓度，保证室内空气清新，减少疾病传播的风险。因此，加强绿色装饰标准和认证体系的建设，是当前和未来一个重要议题，也是行业发展的必然趋势。

随着人们对健康生活的追求不断升温，绿色装饰行业将迎来更广阔的发展空间。通过不懈努力，我们相信绿色装饰行业一定能够拥有更加光明的未来，为社会可持续发展贡献自己的力量。愿绿色装饰标准和认证体系的建立，引领装饰行业走向更加繁荣和健康的未来。

四、绿色装饰相关政策法规

绿色装饰相关政策法规对绿色装饰行业的发展起到了积极的推动作用。随着全球生态环境问题日益严峻，各国政府纷纷出台相关政策法规，要求建筑行业向绿色环保方向发展，其中绿色装饰也成为了发展的重点领域之一。我国政府致力于推动绿色建筑的发展，加大对绿色装饰的政策支持力度，对建筑企业和从业人员提出了更高的环保要求。各地政府也相继出台了相关政策，鼓励企业开展绿色装饰，推动绿色建筑的普及。随着绿色装饰相关政策法规的不断完善和执行，绿色装饰行业将迎来更大的发展机遇，为建筑行业的绿色转型注入新的活力。

随着绿色装饰相关政策法规的不断完善和执行，绿色装饰行业的发展势头日益强劲。建筑企业纷加大对绿色装饰技术的研发投入，推出了更多环保、节能的绿色装饰产品和解决方案。从业人员也加强了对绿色装饰理念和技术的学习和应用，不断提升自身专业水平。

绿色装饰行业不仅受到政府的政策支持，还得到了社会各界的广泛认可和支持。越来越多的消费者开始意识到绿色生活的重要性，纷选择支持绿色装饰产品和服务。绿色装饰行业的市场需求不断扩大，市场潜力巨大。

随着科技的不断进步和绿色装饰技术的不断创新，绿色装饰行业也在不断向前发展。智能化、数字化等新技术得到广泛应用，为绿色装饰行业带来了更多发展机遇。绿色装饰行业的发展不仅提升了建筑行业的整体水平，也为生态环境保护做出了积极贡献。

未来，随着人们环保意识的不断增强和绿色装饰技术的不断成熟，绿色装饰行业将迎来更加广阔的发展空间。政府、企业和消费者将共同努力，推动绿色装饰行业朝着更加环保、节能、可持续的方向发展，为建筑行业的绿色转型做出更大的贡献。

第三节 BIM 技术在绿色装饰领域中的应用现状

一、BIM 技术在绿色装饰中的定位及作用

BIM 技术的发展，为绿色装饰领域带来了新的机遇和挑战。通过 BIM 技术，设计师能够更加直观地模拟建筑物的外观和结构，辅助设计过程中的决策和优化。同时，BIM 技术还可以实现对建筑材料、能源利用等方面的监控和管理，为绿色装饰提供更加科学和可持续的设计方案。在绿色装饰中，BIM 技术的作用不仅在于提高设计效率和质量，更在于实现对环保、节能等方面的全面考量，推动绿色装饰领域的发展与创新。BIM 技术的定位在于成为绿色装饰领域的有力工具，为设计师提供更多元化、创新化的设计方式和方案，实现装饰与环保的有机结合，引领绿色装饰行业的未来方向。

BIM 技术的应用不仅能够提高设计效率，同时也能够实现装饰材料的合理搭配和能源利用的优化。通过 BIM 技术，设计师可以在装饰设计过程中更加全面地考虑环保、节能等因素，为绿色装饰提供更科学、更可持续的设计方案。在新的技术背景下，设计师们可以借助 BIM 技术实现对装饰材料的选择、使用和处理过程的可视

化管理，实现绿色环保理念的全面贯彻。

同时，在 BIM 技术的支持下，绿色装饰行业也将迎来更多的创新和发展机遇。设计师不仅可以在设计过程中更加直观地模拟建筑物的外观和结构，还可以通过 BIM 技术实现对建筑材料、能源利用等方面的实时监控和管理。这将为绿色装饰行业的可持续发展提供更加坚实的基础，助力绿色环保理念在装饰设计领域的深入推广。

总的来说，BIM 技术的发展为绿色装饰行业带来了新的机遇和挑战。设计师们将在 BIM 技术的引领下，不断探索装饰与环保的有机结合之道，推动绿色装饰领域的不断创新与发展。可以预见，随着 BIM 技术在绿色装饰中的广泛应用，绿色装饰行业将迎来崭新的发展时代，为建筑装饰行业的可持续发展贡献更多的力量。

二、BIM 技术在绿色装饰设计阶段的应用

BIM 技术在绿色装饰设计阶段的应用可以有效地提高设计效率和质量，减少设计过程中的错误和重复工作。通过 BIM 技术，设计师可以实现模型的三维可视化，更好地展现设计理念和方案。在绿色装饰设计中，BIM 技术可以帮助设计师模拟不同的设计方案，对比其在能源利用、材料选择、施工效率等方面的影响，从而选择最优方案。BIM 技术还可以实现与其他设计软件的无缝对接，实现信息的共享和协同工作，提高设计团队的协作效率。通过 BIM 技术，设计师可以及时发现和解决设计中的问题，在设计阶段就能够预防可能出现的施工质量问题，确保绿色装饰设计的可持续性和环保性。BIM 技术在绿色装饰设计阶段的应用不仅可以满足设计需求，同时也为建筑装饰行业的可持续发展提供了新的可能性。

在绿色装饰设计阶段，BIM 技术的应用还能够有效地优化施工过程。通过 BIM 技术，设计师可以将建筑模型与施工进度相结合，实现施工过程的数字化管理和控制。施工人员可以在模型中查看具体的施工细节和进度安排，避免现场施工中出现的错位和误差。同时，BIM 技术还能够提供虚拟现实技术，让施工人员在虚拟环境中进行模拟施工，提前发现潜在问题并加以解决，从而提高施工效率和质量。

BIM 技术还可以帮助设计师和业主进行成本管理和控制。设计师可以在建筑模型中添加成本信息，根据不同设计方案的成本进行对比和评估，从而选择符合预算的最佳设计方案。同时，业主可以通过 BIM 技术实时了解建筑设计和施工的进度，对比实际成本和预算情况，做出及时决策，确保项目按时按质完成。

总的来说，BIM 技术在绿色装饰设计阶段的应用不仅能够提高设计效率和质量，减少错误和重复工作，还能够优化施工过程，控制成本，实现设计理念和方案的最佳实现。通过 BIM 技术的全面应用，绿色装饰设计将迎来更加可持续和环保的发展，为建筑装饰行业带来新的活力与可能性。

三、BIM 技术在绿色装饰施工阶段的应用

BIM 技术在绿色装饰领域中扮演着至关重要的角色，其在施工阶段的应用更是为装饰工程提供了诸多便利。通过 BIM 技术，施工人员可以在虚拟环境中模拟整个装饰工程的施工过程，有效地规划和优化工程流程，提高施工效率，减少浪费，确保工程质量。同时，BIM 技术还可以帮助施工人员进行施工过程的实时监控和协调，及时发现和解决施工中的问题，避免施工延误和质量问题的发生。在绿色装饰领域，BIM 技术的应用更是能够帮助施工人员实现节能减排、可持续发展等目标，为打造绿色、环保的装饰工程提供了有力支持。通过 BIM 技术，施工人员可以在施工过程中对材料、能耗等数据进行实时监控和分析，帮助他们合理配置资源，降低能耗，减少污染，达到绿色装饰的标准。总的来说，BIM 技术在绿色装饰领域的应用为装饰工程的施工阶段带来了许多创新和便利，有助于推动绿色装饰的发展和推广。

BIM 技术的应用不仅能够在绿色装饰领域提升施工效率和质量，还可以对施工过程中的安全进行更加全面的监控和管理。通过 BIM 技术，施工人员可以实时查看施工现场的情况，及时发现安全隐患并采取相应措施，确保工人们的安全。在装饰施工阶段，各种可能的风险和问题都可以在 BIM 模型中模拟出来，帮助施工人员预防事故的发生，从而保障施工人员的健康和生命安全。

BIM 技术还可以帮助施工团队与设计团队之间进行更加紧密和高效的沟通与协作。施工人员可以通过 BIM 模型了解设计意图，更好地理解装饰方案，确保施工与设计之间的一致性。设计团队也可以通过 BIM 技术了解施工实际情况，及时调整设计方案，提高施工效率和质量。这种紧密的团队合作，可以有效减少设计变更和施工误差，减少沟通成本，提高装饰工程的整体效益。

总的来说，BIM 技术在绿色装饰施工阶段的应用，不仅可以帮助施工团队优化工程流程，节能减排，保障施工安全，还可以促进设计与施工团队间的协作，提高整体工程的执行效率和质量。随着技术的不断发展和完善，BIM 技术在绿色装饰领域的应用前景将更加广阔，为绿色、环保的装饰工程提供更多有力的支持。

第四节 绿色建筑与 BIM 技术的融合发展

一、绿色建筑理念与 BIM 技术的契合点

绿色建筑作为当代建筑领域的重要理念，旨在通过设计、建造和运营建筑，以最大限度地减少对环境的影响。而 BIM 技术作为一种全新的数字化建模技术，能够

在建筑生命周期的各个阶段提供全面的信息支持。在绿色建筑和 BIM 技术的结合中，可以发现它们之间有许多契合点。

绿色建筑的设计追求高效节能和环保，以减少资源消耗和减少建筑对环境的负面影响。而 BIM 技术能够通过建模和模拟分析，快速有效地评估各种设计方案的能耗情况，有助于实现建筑设计的节能目标。绿色建筑还注重室内环境质量，例如采光、通风和材料选择等，在这方面，BIM 技术可以帮助设计师在实时模拟环境下进行设计，提供更优质的室内环境。

绿色建筑强调建筑与周围环境的融合，而 BIM 技术可以在设计阶段就模拟建筑与周围环境的互动关系，帮助设计师更好地选择建筑的朝向和开窗位置，从而最大程度地利用自然资源。绿色建筑也注重建筑材料的可持续性和环保性，而 BIM 技术可以对各种建筑材料进行数字化管理和评估，帮助设计师选择更环保和可持续的材料。

绿色建筑与 BIM 技术在实践中形成了紧密的联系，互为补充、相互促进。它们的结合不仅提高了建筑设计的效率和质量，也有助于实现绿色建筑的可持续发展目标，是当前建筑行业发展的重要趋势之一。BIM 技术在绿色装饰中的创新研究，将会对未来的建筑设计和施工产生深远的影响，值得进一步深入研究和探讨。

绿色建筑理念与 BIM 技术的契合点是一个重要的课题，值得我们深入探讨。除了在设计阶段的互动关系和材料选择方面的优势外，绿色建筑与 BIM 技术的结合还体现在建筑施工和运营阶段。BIM 技术可以通过建筑信息的数字化管理，实现工程施工的精准控制，监测建筑施工过程中的各项指标，确保施工质量和进度。在建筑运营阶段，BIM 技术可以实现建筑设备的智能化管理，监测建筑能源消耗情况，实现节能减排的目标。

绿色建筑还注重建筑的舒适性和健康性，而 BIM 技术可以通过模拟建筑内部环境，优化室内采光、通风等设计，提升居住者的舒适感和健康指数。通过 BIM 技术的应用，设计师可以更直观地了解建筑空间的布局和功能分区，从而设计出更符合人体工程学和人体生理学的建筑形态，提高建筑的使用价值和用户体验。

在未来，随着 BIM 技术的不断普及和完善，绿色建筑与 BIM 技术的结合将会更加紧密，为建筑行业带来更多创新和发展机遇。我们需要不断深入研究和探讨这一领域，探索更多关于绿色建筑与 BIM 技术的契合点，推动建筑行业朝着更可持续、智能化的方向发展。只有不断拓展思路，追求创新，才能引领建筑行业迈向更美好的未来。

二、BIM 技术为绿色建筑提供的支持和保障

BIM 技术为绿色建筑提供的支持和保障的重要性日益凸显。随着人们对环保和

可持续发展的重视，绿色建筑已经成为建筑行业的一个重要发展方向。BIM技术通过数字化建模、协同设计、施工管理和运营维护等功能，为绿色建筑的设计、建造和运营提供了全面的支持。在绿色建筑项目中，BIM技术可以帮助设计师优化建筑结构、提高能源利用效率、减少对环境的影响，实现绿色、节能、环保的建筑目标。通过BIM技术，设计团队可以在项目的每个阶段对建筑进行全面的分析和评估，提前发现并解决潜在的问题，确保建筑的绿色性能达到最佳状态。

同时，BIM技术在绿色建筑项目的施工管理和运营维护中也发挥着重要的作用。通过BIM模型的协同共享和信息集成，建筑施工团队可以实现信息的准确传递和实时更新，提高施工效率，减少浪费，确保项目的顺利进行。在建筑的运营维护阶段，BIM模型可以帮助业主或管理人员对建筑设备和系统进行智能化管理，实现节能减排，延长建筑的使用寿命，提高建筑的经济效益和社会效益。因此，可以说BIM技术已经成为绿色建筑发展的重要支撑和保障，为建筑行业的可持续发展做出了积极的贡献。

BIM技术作为绿色建筑的重要支持和保障，不仅在设计阶段发挥着关键作用，也在施工管理和运营维护阶段发挥着重要的作用。在设计阶段，BIM技术可以帮助设计团队对建筑进行详细的分析和评估，从而提前发现潜在问题并做出相应调整，以确保建筑的绿色性能达到最佳状态。同时，在施工管理方面，BIM模型的协同共享和信息集成使得施工团队能够更加高效地进行信息传递和更新，从而提高施工效率，减少浪费，确保项目的顺利进行。在建筑运营维护阶段，BIM技术可以帮助业主或管理人员实现对建筑设备和系统的智能化管理，进而实现节能减排，延长建筑的使用寿命，提升建筑的经济效益和社会效益。总的来说，BIM技术已经成为绿色建筑发展的不可或缺的部分，为建筑行业的可持续发展做出了积极贡献。在未来，随着技术的不断发展和创新，BIM技术将继续发挥着关键作用，推动绿色建筑的发展，为建筑行业和社会的可持续发展提供有力支持。

三、绿色装饰行业技术发展趋势

在当今社会，绿色建筑已成为一种全球性趋势，而绿色装饰作为绿色建筑的一部分，也受到了广泛关注。随着科技的不断发展，BIM技术越来越多地被应用于建筑行业，为绿色装饰行业的发展带来了新的机遇与挑战。绿色建筑与BIM技术的融合发展成为了未来绿色装饰行业发展的重要方向。

BIM技术作为一种集成了建筑设计、施工和运营管理的技术手段，为绿色建筑提供了全方位的支持。通过BIM技术，建筑设计师可以在设计阶段就考虑如何最大程度地减少能源消耗、减少碳排放等绿色理念，从而实现绿色建筑的设计目标。而在建筑施工和运营管理阶段，BIM 技术也能够为绿色装饰行业的发展提供更加实用的工具和技术支持，帮助设计师和施工方更好地协同合作，提升绿色装饰的质量和效率。

随着绿色建筑的不断普及，绿色装饰行业也面临着新的技术发展趋势。在未来，绿色装饰行业将更加注重可持续发展，更加注重节能减排，更加注重环保理念的传播。而 BIM 技术的应用将为绿色装饰行业提供更多的可能性，使绿色装饰更加智能化、数字化和个性化。因此，绿色装饰行业技术发展的趋势将会是与 BIM 技术的深度融合，共同推动绿色建筑事业的发展，实现绿色装饰行业的可持续发展目标。

在绿色建筑的不断普及和推动下，绿色装饰行业逐渐走向可持续发展的道路。随着人们对环保和节能理念的不断提升，绿色装饰行业也在不断探索新的发展方向。未来，随着科技的不断进步，绿色装饰行业将更加注重创新和智能化，通过引入智能控制系统和可再生能源等新技术手段，实现装饰材料的节约利用和能源消耗的最小化。

随着人们对健康环境的关注度不断增加，绿色装饰行业也将更加关注室内空气质量和舒适度的提升。未来的绿色装饰将更注重选择环保无害的装饰材料，采用科学的通风系统和绿色植物景观，为居住者创造一个健康、舒适的生活环境。

绿色装饰行业还将积极响应国家政策，加大对碳排放和环境保护的力度。通过加强碳排放监管和控制，在产品设计、生产、运输等环节全面减少碳足迹，推动绿色装饰行业向低碳发展方向迈进。

总的来说，未来绿色装饰行业的技术发展将更加注重创新、智能化和可持续发展，致力于打造更加环保、节能、健康的室内装饰环境。通过不断引入新技术，加强与 BIM 技术的融合，绿色装饰行业将在未来迎来更为美好的发展前景，为建设绿色家园贡献更大的力量。

四、BIM 技术在绿色装饰中的创新应用

绿色建筑作为一种可持续发展的建筑理念，注重减少环境负担，提高建筑的资源利用效率。而 BIM 技术作为一种集成建模和信息管理的技术工具，为设计、施工、运营等各个阶段提供了全面的数字化支持。绿色建筑与 BIM 技术的融合发展，不仅有助于提高建筑的节能环保水平，还可以提高建筑设计效率和质量。因此，在绿色装饰领域中，BIM 技术的创新应用具有重要意义。

随着社会对绿色建筑的需求不断增加，绿色装饰作为绿色建筑中的重要组成部分，也受到了更多的关注。BIM 技术在绿色装饰中的创新应用，可以更好地实现绿色建筑的设计和施工过程。通过 BIM 技术，设计师可以在建筑设计阶段就对建筑进

行全面的节能分析和优化,从而实现更高效的能源利用。同时,在装饰施工阶段,BIM 技术可以帮助施工人员更好地控制装饰材料的使用,减少浪费,提高装饰质量。

在绿色建筑与 BIM 技术的融合发展中,BIM 技术在绿色装饰中的创新应用还可以通过信息共享和协同合作,实现建筑设计、施工和运营各个环节的协同。通过 BIM 技术,设计师、施工人员和建筑运营者可以实现信息的实时共享,协同工作更加高效。同时,BIM 技术还可以帮助建筑设计和施工人员更好地与装饰材料供应商进行合作,实现装饰材料的可持续采购,进一步提高建筑的绿色水平。

总的来说,BIM 技术在绿色装饰中的创新应用将在未来对绿色建筑的发展起到重要作用。通过 BIM 技术,我们可以更好地实现绿色建筑的节能环保目标,提高建筑设计和施工的效率和质量,促进绿色建筑与装饰材料的可持续发展。希望未来能够有更多关于 BIM 技术在绿色装饰中的创新研究,为绿色建筑的发展注入新的动力。

在绿色装饰中的创新应用可以进一步拓展到建筑施工过程中的可持续性。借助 BIM 技术,工程团队可以更好地规划施工流程,优化资源管理,减少浪费,提高施工效率。同时,BIM 技术还可以在施工过程中实现实时监测和控制,确保装饰材料的合理使用和装饰工艺的高质量完成。

除此之外,BIM 技术在绿色装饰中的创新应用还可以推动建筑运营阶段的可持续发展。通过建立建筑信息模型,建筑运营者可以实现对建筑设备的远程监控和管理,及时发现和解决问题,确保建筑的高效运转。同时,BIM 技术还可以帮助建筑运营者对建筑能耗进行精准监测和分析,实现节能减排的目标,为绿色建筑的可持续运营提供有力支持。

随着社会对绿色建筑的需求不断增加,BIM 技术在绿色装饰中的创新应用将成为未来建筑行业的发展趋势。建议相关研究机构和企业加大对 BIM 技术在绿色装饰领域的投入,推动技术创新和实践应用的深度融合,共同推动绿色建筑事业迈向新的高度。期待未来能够看到更多关于 BIM 技术在绿色装饰中的创新应用的成功案例,为建筑行业的可持续发展贡献力量。

第二章 绿色装饰的理论框架与 BIM 技术的融合

第一节 绿色装饰的概念和原理

一、绿色装饰的定义

绿色装饰是一种注重环保、节能、可持续的装饰方式，其核心理念是在装饰过程中尽量减少对环境的影响，同时提供健康、舒适的室内环境。绿色装饰不仅关注装饰材料的选择和使用，还注重设计的节能、环保和可持续性，以及装饰施工过程中的绿色环保措施。在当今社会，随着人们对环保和健康意识的提高，绿色装饰越来越受到人们的重视和追捧。

绿色装饰在装饰领域中的重要性和意义不言而喻。绿色装饰有助于减少室内装饰材料对人体健康的危害。传统的装饰材料中可能含有毒物质，长期接触对人体健康造成潜在的威胁。而绿色装饰所选用的环保材料则能有效减少这些危害。绿色装饰能有效提高室内环境的舒适度。通过科学的设计和合理的装饰方式，可以实现室内采光、通风和空气质量的优化，提升室内环境品质。绿色装饰还能有效减少能源的消耗，降低装饰所带来的环境负担，促进环境可持续发展。

除此之外，绿色装饰还是建筑节能、环保和可持续发展的重要组成部分。随着人们对绿色生活方式的追求，绿色装饰已经成为时尚潮流的一部分。越来越多的装修公司和设计师开始注重绿色装饰的研究和应用，积极探索绿色装饰的创新方法和技术。有人认为，绿色装饰是对传统装饰方式的一种革新和颠覆，是一种积极响应环保号召的行动。

总的来说，绿色装饰在装饰领域中的重要性和意义不言而喻。它不仅关乎我们的健康和生活质量，更关乎整个地球环境的永续发展。在这个绿色装饰越来越受到重视的时代，我们需要不断探索创新的绿色装饰技术和方法，为建筑装饰领域的可持续发展做出贡献。BIM 技术作为一种数字化技术，正是促进绿色装饰创新发展的重要工具。通过 BIM 技术，我们可以实现对建筑装饰过程的全方位控制和优化，最大限度地实现绿色装饰的目标和理念。BIM 技术与绿色装饰的结合，将为建筑装饰行业带来更多可能性和机遇，推动行业向着更加环保、健康、可持续的方向发展。

绿色装饰作为传统装饰方式的一种革新，确实在当前社会中具有重要的意义。

在追求环保和可持续发展的今天,绿色装饰所承载的理念和目标也日益受到人们的关注和重视。在这样的背景下,BIM 技术的应用为绿色装饰的发展提供了新的契机和可能性。通过 BIM 技术,我们能够更加精准地控制和优化建筑装饰过程,不仅可以提高装饰效率,还可以最大程度地减少资源浪费和环境污染。更重要的是,BIM 技术能够为绿色装饰提供可持续性的支持,使得装饰行业朝着更加环保、健康的方向发展。在未来,随着技术的不断进步和创新,相信 BIM 技术将会在绿色装饰领域发挥更加重要的作用,为建筑装饰行业带来更多的变革和进步。通过不断探索和应用 BIM 技术,我们有信心在实现绿色装饰的目标的同时,为社会和环境做出更大的贡献。

二、绿色装饰的原则

绿色装饰是以环保、节能、健康为原则的装饰设计理念,旨在通过科学的设计和施工方法来降低建筑行业对环境的影响,并提高室内空间的舒适度和健康性。绿色装饰的原则主要包括节能减排、资源循环利用、环保材料选用、室内环境质量保障等方面。

节能减排是绿色装饰的重要原则之一。在设计过程中,应该采用高效节能的建筑构造和设备,以减少能源的消耗和二氧化碳的排放。同时,通过优化室内照明、通风系统和空调系统等,降低建筑的运行能耗,实现能源的节约和环境的保护。

资源循环利用也是绿色装饰的核心原则之一。利用可再生资源或者回收利用废弃物品,减少对自然资源的消耗,降低建筑施工过程中的能源消耗和废弃物排放。在材料选择方面,应该尽量避免使用含有毒化学物质的建材,选择符合环保要求的材料,以确保室内环境的安全和健康。

环保材料选用也是绿色装饰的重要考量因素之一。在绿色装饰设计中,应该优先选择符合环保标准的建材和家具,减少对环境的污染和对人体健康的影响。除了材料本身的环保性能,还应该考虑材料的使用寿命和可循环利用性,促进资源的再利用和循环利用。

室内环境质量保障是绿色装饰设计的重要内容之一。通过优化室内空气质量、保障采光和通风条件、选择低污染的装饰材料等措施,提升室内环境的舒适度和健康性,保障居住者的健康和生活质量。

总的来说,绿色装饰的原则是在设计和施工过程中遵循环保、节能、健康的理念,通过科学的技术手段和创新的方法来实现建筑装饰的可持续发展。在实际的设计实践中,设计师和建筑师应该结合 BIM 技术,充分考虑绿色装饰的原则和要求,以实现建筑装饰领域的创新和发展。BIM 技术的应用能够帮助设计团队在设计过程中进行模拟和分析，优化设计方案，提高设计效率和质量，从而实现绿色装饰理念的落地和推广。

绿色装饰设计除了关注可循环利用性和室内环境质量外，还应注重节约能源和资源的理念。在设计过程中，应采用节能环保的设计方案，选择符合绿色标准的材料和设备，以减少资源消耗和能源浪费。同时，设计师还应积极探索可再生能源的利用方式，如太阳能、风能等，以实现建筑装饰的能源自给自足。

绿色装饰设计还应考虑社会责任和文化传承的因素。设计师在设计过程中应尊重当地文化和传统建筑风格，结合当地气候和环境特点，打造具有地域特色的绿色装饰设计作品。通过注重社会责任和文化传承，可以促进当地经济的发展，带动当地产业的繁荣，同时实现绿色装饰设计的可持续发展。

绿色装饰设计还应注重经济效益和社会效益的统一。设计师在设计过程中应合理控制装饰设计的成本，提高设计效率，实现节约成本的同时确保设计质量和实用性。通过合理平衡经济效益和社会效益，可以实现绿色装饰设计的可持续发展，为社会、环境和经济带来更多的益处。

总的来说，绿色装饰设计的原则是多方面的，不仅是考虑环保和健康因素，还需要注重节能资源、文化传承、经济效益等方面的综合考量。设计师和建筑师应该在设计实践中不断探索创新，不断完善设计理念，推动绿色装饰设计理念的深入发展，为建筑装饰行业的可持续发展贡献力量。

三、绿色装饰的优势

绿色装饰一直以来都是建筑行业的热点话题，它在设计、施工和使用过程中始终秉承着环保、节能、资源利用等原则。相比于传统装饰材料，绿色装饰更加注重减少对环境的影响，并且在使用过程中可以有效降低能源消耗，实现可持续发展。

绿色装饰在环保方面表现突出。使用环保材料和采用节能设计可以减少对大气、水源和土壤等环境资源的污染，减少排放，降低对生态环境的破坏。例如，使用低碳材料可以减少对空气中二氧化碳的排放，对大气质量有积极的改善作用。

绿色装饰在节能方面有明显优势。通过科学的设计、合理的布局和高效的设备，可以减少建筑物内部的能耗，提高能源利用效率。例如，合理设置通风系统、采光系统和节能设备，可以有效减少能源消耗，降低能源开支。

绿色装饰还注重资源的合理利用。使用可再生材料、利用建筑废弃物再生利用等手段可以最大程度地减少资源的浪费，有效利用有限的自然资源。采用回收利用技术和资源配置优化，可以实现资源的循环利用，实现资源的可持续利用。

总的来说，绿色装饰在环保、节能、资源利用等方面都有明显优势，能够有效地改善建筑物的环境性能，提高建筑物的整体质量，符合绿色建筑的发展方向和要求。通过结合 BIM 技术，可以更好地实现绿色装饰的设计、施工和管理，为建筑行业的可持续发展提供技术支持和保障。

在绿色装饰领域，BIM 技术可以实现对建筑信息的全生命周期管理，协助设计师、工程师、施工人员等各个环节的协作与交流。通过 BIM 技术，可以在设计阶段就模拟建筑物的能源消耗情况，从而优化建筑物的设计方案，提高能源利用效率。在施工阶段，BIM 技术能够实现工程图纸与实际操作的精准对接，避免资源浪费和重复劳动，提高施工效率。

绿色装饰的优势在于其环保、节能、资源利用等方面的特点，而 BIM 技术的应用则可以进一步提升绿色装饰的效果和效率，促进建筑行业向着可持续发展的目标迈进。希望未来能在绿色装饰和 BIM 技术的研究与应用中取得更多的创新成果，为建筑行业的发展贡献力量。

在建筑行业可持续发展的道路上，绿色装饰和 BIM 技术的结合展现出强大的潜力。除了在设计和施工过程中的优势，绿色装饰还可以通过选择环保材料和应用可再生能源等方式，更好地实现节能减排的目标。同时，BIM 技术的不断发展和完善也为绿色装饰提供了更多可能性，比如在运营和维护阶段的数据管理与分析，以及建筑物与周边环境的智能互动。

未来，随着科技的进步和社会的需求不断增长，绿色装饰和 BIM 技术将在建筑行业中扮演越来越重要的角色。通过不断的创新和实践，我们可以预见到更多关于环保、节能和资源利用的突破，使得建筑行业朝着更加可持续的方向发展。因此，我们有理由相信，绿色装饰和 BIM 技术的结合将在未来给我们带来更多惊喜和机遇，为建筑行业的发展注入新的活力和动力。愿我们共同努力，为建筑行业的绿色转型与可持续发展贡献自己的一份力量。

四、绿色装饰的实践案例

在实际项目中，绿色装饰所采用的方法和技术多种多样，其中 BIM 技术的运用更是为绿色装饰提供了全新的可能性。以往，建筑装饰往是在设计完成后才考虑节能环保等因素，而现在通过 BIM 技术，可以在设计阶段就对绿色装饰进行深入思考和实践，从而在整个建筑项目的生命周期中实现绿色可持续发展。

在国内外的绿色装饰项目中，BIM 技术的运用已经取得了显著的成果。例如，在上海的一处写字楼装修项目中，通过 BIM 技术的建模、模拟和分析，设计团队成功实现了在不影响设计美观的前提下，最大程度地减少了使用的材料和资源，使得整个装修过程更加环保和节能。同时，BIM 技术还能在装饰设计中提前发现问题，避免在施工过程中出现不可预料的困难，极大地提高了项目的效率和质量。

另一个成功的案例是美国一家知名酒店的装修项目。设计团队利用 BIM 技术对建筑结构和材料进行了详细的分析和模拟，通过调整设计方案和材料搭配，最终成功实现了酒店的绿色装饰。酒店在使用过程中不仅能够节约能源和资源，还能够提升用户的使用体验，增加了酒店的竞争力和市场吸引力。

除了上述案例外，BIM 技术还在许多其他绿色装饰项目中发挥了重要作用。通过数字化建模和信息共享，设计团队能够更好地协同工作，提高工作效率和减少误差。同时，BIM 技术还能够优化建筑的结构和布局，使得建筑更加节能和环保。总的来说，BIM 技术为绿色装饰提供了更多的可能性和解决方案，推动了建筑行业向着更加可持续和环保的方向发展。

绿色装饰作为建筑装饰领域的一项重要发展方向，与 BIM 技术的结合将会为未来的建筑项目带来更多的创新和价值。通过对绿色装饰的实践案例进行分析和总结，可以更好地了解 BIM 技术在该领域中的应用和效果，为行业发展提供新的思路和方向。希望在未来的建筑项目中，绿色装饰和 BIM 技术能够得到更广泛的应用和推广，共同推动建筑行业的可持续发展和绿色转型。

通过数字化建模和信息共享，设计团队能够更好地协同工作，提高工作效率和减少误差。同时，BIM 技术还能够优化建筑的结构和布局，使得建筑更加节能和环保。在实际的绿色装饰项目中，我们可以看到 BIM 技术的应用给整个施工过程带来了极大的便利和效益。设计师可以通过 BIM 软件模拟各种装饰效果，从而减少了实际施工中的试错次数和材料浪费。而施工人员也可以通过 BIM 技术实时查看设计图纸，准确地实施装饰设计方案，提高了施工质量和效率。

除此之外，BIM 技术的应用还让绿色装饰更加智能化和可持续化。通过数据分析和模拟，设计团队可以更好地优化建筑的能源利用效率，选择更加环保和节能的材料，实现建筑装饰的绿色化设计。而且，BIM 技术也可以实现建筑设备的智能化管理，自动监测环境数据，提升建筑的运行效率和节能性。

在未来的发展趋势中，绿色装饰和 BIM 技术的结合将会愈发密不可分。随着技术的不断更新和完善，我们有理由相信，BIM 技术将会为绿色装饰领域带来更多的创新和发展机遇，为建筑行业的可持续发展注入新的活力和动力。希望更多的设计师和施工人员能够积极拥抱这项技术，将其运用到实际的工作中，共同推动建筑行业向着更加环保和可持续的方向前进。

第二节 BIM 技术在绿色装饰中的应用

一、BIM 技术概述

BIM 技术是一种集成设计、建造和管理的数字化工具，可以实现建筑物的全生命周期信息管理。在绿色装饰领域，BIM 技术可以帮助设计师、施工方和业主实现信息共享、协同作业和高效管理。通过 BIM 技术，可以实现绿色装饰材料的选择、能源利用的优化和环境效益的量化分析，从而提高建筑物的环保性能。同时，BIM 技术还可以帮助设计师优化设计方案，减少设计错误和施工偏差，提高建筑物的整体质量和可持续性。总体来说，BIM 技术在绿色装饰中的应用可以有效提升装饰效果的同时实现节能减排和环境保护的目标。

BIM 技术的应用不仅可以在绿色装饰领域实现众多益处，还可以为建筑业带来更广泛的影响。通过 BIM 技术，建筑项目的规划、设计、施工和维护可以得到更全面、更高效的管理和协调，有助于提升整个建筑行业的发展水平。在实际操作中，设计师可以利用 BIM 技术进行模型绘制和优化设计，施工方可以通过 BIM 模拟施工过程和解决问题，业主可以通过 BIM 技术实现建筑物信息的全面管理与维护。

除此之外，BIM 技术还可以为建筑行业带来更多的商业机会和创新发展。借助 BIM 技术，建筑企业可以提供定制化的设计方案和更高水平的施工服务，与此同时，也可以为建筑物的后期维护和管理提供更为便捷的解决方案。在数字化时代，BIM 技术的广泛应用将会推动建筑行业的转型升级，创造更为智能、高效和可持续的建筑环境。

总的来说，BIM 技术不仅在绿色装饰领域具备重要意义，更在整个建筑领域展现出无限可能。通过不断的技术创新和实践应用，BIM 技术将成为建筑行业发展的重要引擎，推动建筑产业朝着数字化、智能化和可持续化的方向迈进，为人类创造更为优质、舒适的建筑生活空间。

二、BIM 技术在建筑设计中的应用

BIM 技术在绿色装饰中的应用可以为建筑设计带来更多可能性，提升设计效率，减少人力资源浪费，同时也有利于减少能源消耗，保护环境。通过 BIM 技术，设计师可以更好地模拟和分析不同绿色装饰材料的性能和效果，为设计方案的选择提供更科学的依据。BIM 技术可以帮助设计师快速构建三维建模，实现设计和施工的紧密衔接，提高设计的精度和准确性。在整个建筑过程中，BIM 技术还可以帮助设计师和施工方进行实时沟通和协作，有效解决设计和施工之间的不一致，从而提高装

修效率和质量。通过综合利用BIM技术，在绿色装饰设计中不仅可以实现建筑的节能减排目标，同时也可以提升设计的创新性和可持续性，满足现代社会对建筑环境的要求。

BIM技术在建筑设计中的应用已经逐渐成为趋势，尤其在绿色装饰方面的运用更是备受关注。通过BIM技术，设计师能够更加准确地模拟和分析各种绿色装饰材料的性能和效果，为设计方案的选择提供了更为科学的依据。BIM技术可以帮助设计师快速地构建三维建模，实现设计与施工的高度衔接，提升了设计的准确性与精度。

在整个建筑过程中，设计师和施工方可以通过BIM技术进行实时沟通和协作，解决设计与施工之间的矛盾，从而提升了装修的效率和质量。通过充分利用BIM技术，绿色装饰设计不仅可以实现建筑的节能减排目标，还能够增强设计的创新性和可持续性，满足当代社会对建筑环境的需求。

BIM技术还可以帮助设计师更好地优化建筑结构，提高建筑的整体性能和效率。通过模拟和分析，可以更准确地评估不同设计方案的可行性，从而为建筑的优化和改进提供参考。设计师还可以利用BIM技术进行碳足迹分析，评估建筑的环境影响并寻找减排的有效途径，从而更好地实现绿色建筑的理念。

在未来，随着BIM技术的不断发展和应用，它将在建筑设计中扮演越来越重要的角色，带来更多的可能性和创新，促进建筑产业的可持续发展和绿色转型。

三、BIM技术在装饰设计中的应用

BIM技术在绿色装饰中的创新研究，是当前建筑装饰行业颇具前景的研究方向之一。通过将BIM技术与绿色装饰理论相结合，可以实现装饰设计过程中各种信息的集成和共享，提高装饰设计的效率和质量。同时，BIM技术还可以帮助设计师在设计过程中更好地考虑绿色环保要求，实现装饰设计与可持续发展的有机结合。在绿色装饰项目中，BIM技术可以实现对建筑材料、能源利用、水资源管理等方面的全面监控和管理，为绿色装饰项目的可持续发展提供技术支持。通过BIM技术，设计师可以对装饰设计方案进行多方位、多层次的模拟与优化，实现绿色装饰理念在实践中的最大化体现。同时，BIM技术还可以实现装饰设计方案与施工现场的无缝对接，减少变更和误差，提高装饰施工效率。BIM技术在绿色装饰中的应用，将为装饰设计行业带来全新的发展机遇，推动装饰设计走向绿色、可持续、智能化的方向。

BIM技术在装饰设计中的应用还可以使设计团队之间的协同更加紧密高效，各个专业领域的专家可以通过BIM平台共享设计信息，实现设计过程的无缝衔接，从而避免信息孤岛和重复设计的问题。BIM技术还可以在装饰设计的整个生命周期中实现数据的集成和共享，使得设计决策更加科学和合理。通过BIM技术，设计师可以更好地掌握项目的实际情况，及时调整设计方案，确保装饰设计的质量和效率。

在绿色装饰项目中，BIM技术还可以帮助设计师对建筑材料的选择和利用进行优化，从而减少资源浪费和能源消耗，实现绿色环保的设计目标。同时，BIM技术还可以对装饰施工进程进行全方位监控，及时发现问题并进行调整，保障绿色装饰项目的顺利实施。通过BIM技术，设计师可以将绿色理念贯穿于整个装饰设计过程，实现可持续发展的目标。

总的来说，BIM技术在装饰设计中的应用对于推动装饰设计行业向着绿色、可持续、智能化的方向迈进具有重要意义。随着BIM技术的不断发展和完善，相信装饰设计行业将迎来全新的发展机遇，为建筑行业的可持续发展注入新的活力和动力。

四、BIM技术在绿色建筑中的应用案例分析

绿色装饰是当前建筑领域的热门话题之一，其关注的重点在于如何通过使用环保材料和节能技术来打造更加健康、可持续的室内环境。而BIM技术作为一种数字化建模工具，为绿色装饰领域的创新提供了新的可能性。通过BIM技术，设计师可以在建筑设计阶段就对材料和能源的使用进行模拟和优化，从而实现绿色装饰的设计理念。在实际案例分析中，我们可以看到，通过BIM技术，设计团队能够更加高效地进行协作，提高设计效率，减少建筑废料的产生，降低能耗，使得绿色装饰成为现实。因此，可以说BIM技术在绿色装饰中的应用具有重要的意义，将为建筑行业的可持续发展注入新的动力。

绿色建筑是当前建筑领域的热门关键词之一，不仅体现了对环境的关注，更是对人类健康和可持续发展的高度关注。在这个背景下，BIM技术作为数字化建模的利器，为绿色建筑的实现提供了更加全面和深入的支持。通过BIM技术，设计师可以在建筑设计的早期阶段就对材料的选择、能源利用以及环境影响进行系统化的模拟和分析，从而能够更好地优化设计方案，降低建造和运行的成本，减少资源浪费和环境污染。

实际的应用案例也表明，借助BIM技术，设计团队在绿色建筑项目中的协作效率得到显著提升，团队成员之间的沟通更加顺畅，各自的设计想法能够更好地融合和协调。通过BIM技术，不仅可以提前发现设计方案中的问题和不足，还可以实现建筑的数字孪生，为建筑的运行和维护提供更加全面和精准的数据支持。

除此之外，借助BIM技术，建筑工程管理也变得更加精细化和高效化。施工过程中可以通过BIM模型进行精准的规划和指导，减少人力、物力和时间的浪费，提

高工程的质量和安全性。通过全生命周期的 BIM 应用，绿色建筑的理念得以贯彻落实，为建筑行业的可持续发展做出了积极的贡献。

BIM 技术在绿色建筑中的应用不仅加速了设计和施工过程的数字化转型，更为绿色建筑的可持续发展注入了新的活力，为未来建筑行业的可持续发展开辟了更为广阔的前景。

第三节 绿色装饰与 BIM 技术的融合

一、绿色装饰要求与 BIM 技术的契合点

绿色装饰是一种注重环保、节能、可持续发展的装饰方式，而 BIM 技术则是一种集成建模技术，可以实现建筑设计、施工和管理全过程的数字化管理。绿色装饰与 BIM 技术的融合，可以使装饰设计更加环保、高效和精准。在实际操作中，绿色装饰要求与 BIM 技术有多个契合点。BIM 技术可以对建筑结构、材料进行模拟分析，为绿色装饰提供可行的方案。BIM 技术可以实现虚拟设计，减少了设计误差和二次设计的情况，同时也提高了设计效率。BIM 技术还可以实现建筑信息的共享，为各个环节提供了实时的数据支持，有利于绿色装饰的全过程管理。绿色装饰与 BIM 技术的融合是一种可行的途径，可以为建筑装饰行业的发展带来新的机遇和挑战。

绿色装饰与 BIM 技术的融合，为建筑行业注入了新的活力和发展潜力。通过 BIM 技术的应用，建筑装饰设计变得更加智能化和精准化。设计师可以通过模拟分析建筑结构和材料，快速找到最适合绿色装饰的方案，从而实现节能环保的目标。同时，虚拟设计的实现减少了设计误差和重复工作的发生，提高了设计效率和质量。

除此之外，BIM 技术的建筑信息共享功能也为绿色装饰的全过程管理提供了便利。各个环节的实时数据支持和沟通协作，让装饰施工过程变得更加协调和顺畅。施工人员可以根据 BIM 模型快速定位装饰材料和施工细节，提高工作效率，同时减少浪费，实现可持续发展的目标。

绿色装饰与 BIM 技术的结合不仅在设计和施工阶段产生积极影响，在建筑管理和运营中也发挥着重要作用。通过 BIM 技术的数字化管理，建筑装饰的维护和保养变得更加便捷高效。建筑物的信息可以随时更新，管理人员可以实时监控装饰材料的状况和维护周期，及时进行维修和更换，延长建筑物的使用寿命。

总的来说，绿色装饰与 BIM 技术的融合，不仅推动了建筑装饰行业的进步和发展，也为环保、节能和可持续发展提供了全新的解决方案。这种合作模式的出现，为建筑行业的未来发展开辟了广阔的空间，值得进一步深入研究和推广应用。

二、BIM 技术对绿色装饰的促进作用

BIM 技术在绿色装饰领域的应用越来越广泛，通过 BIM 技术的应用，可以更加有效地实现绿色装饰的设计、施工和管理。BIM 技术可以帮助设计师在设计阶段进行全面的模拟和分析，从而更好地优化建筑结构，提高能源利用效率。同时，BIM 技术还可以实现建筑材料的智能选取和管理，帮助设计师选择更加环保可持续的材料，从而实现绿色装饰的目标。在施工阶段，BIM 技术可以实现建筑过程的精准监控和管理，有助于减少资源浪费和提高施工效率。总的来说，BIM 技术对绿色装饰的发展起到了积极的促进作用。

BIM 技术的广泛应用为绿色装饰领域带来了许多益处。在设计阶段，BIM 技术能够帮助设计师更加全面地进行模拟和分析，从而更好地优化建筑结构，提高能源利用效率。通过 BIM 技术，设计师可以实现建筑材料的智能选取和管理，选择更环保可持续的材料，实现绿色装饰的目标。在施工阶段，BIM 技术能够实现建筑过程的精准监控和管理，减少资源浪费，提高施工效率。BIM 技术还可以协助设计师进行成本控制和进度管理，确保项目按时完成并在预算范围内。总的来说，BIM 技术的应用为绿色装饰的发展提供了全面的支持，推动了行业向着更加环保可持续的方向发展。随着技术的不断进步和应用的深入，相信 BIM 技术将继续为绿色装饰领域带来更多创新和机遇。

三、绿色装饰与 BIM 技术的共同挑战

绿色装饰与 BIM 技术的共同挑战，是在实践中遇到的重要问题。绿色装饰的理论框架要求对材料、施工、设计等多方面进行全面考虑，而 BIM 技术则需要高度的信息整合和技术支持。因此，如何将绿色装饰的理论框架与 BIM 技术有效融合成为了当前研究的焦点。其中，一个共同的挑战是如何应对施工过程中的实际情况，包括材料选择、工艺流程、能耗控制等方面的平衡。另一个挑战是在设计阶段如何确保 BIM 技术能够准确表达绿色装饰的理论框架，以便实现设计到施工的无缝衔接。对于这些挑战，需要综合考虑绿色装饰的理论要求和 BIM 技术的应用特点，进一步探讨如何通过技术手段和管理手段加以解决。在未来的研究中，可以进一步深化对绿色装饰与 BIM 技术融合的理论探讨，为实际工程应用提供更为有效的指导和支持。

绿色装饰和 BIM 技术作为建筑领域的两大核心议题，在实践中遇到的共同挑战日益凸显。其中，施工过程中的实际情况往是最为棘手的问题之一。材料选择不仅需要考虑环保性能，还需兼顾成本和可持续性，施工艺的流程需要精准控制，能耗方面更是一项需细致谋划的重要任务。

在设计阶段，如何确保 BIM 技术准确表达绿色装饰的理论框架也是一项亟待解决的难题。技术手段和管理手段的结合，以及对 BIM 技术的深入了解和应用，将成为未来的发展方向。只有通过进一步的研究和探讨，才能为绿色装饰与 BIM 技术的融合提供更为有效的支持和指导。

未来的研究中，需要深化对绿色装饰和 BIM 技术融合的理论探讨，同时还需结合实际工程案例进行验证和应用。只有在实践中不断总结经验，不断完善理论，才能真正实现绿色装饰和 BIM 技术的有机结合，为建筑行业的可持续发展贡献力量。通过持续的努力和创新，相信绿色装饰和 BIM 技术定能在未来建筑领域中展现出更大的价值和潜力。

四、可持续发展下的绿色装饰与 BIM 技术的发展趋势

绿色装饰是建筑行业中一个快速发展的领域，而 BIM 技术的应用则为绿色装饰提供了全新的可能性。在可持续发展的背景下，绿色装饰与 BIM 技术的融合已经成为行业的发展趋势。通过对建筑材料、能源利用、环境影响等方面的优化和整合，绿色装饰可以实现更加环保、节能和可持续的效果。而 BIM 技术则可以提供全方位的数字化设计、施工和管理手段，帮助设计师和施工方更好地实现绿色装饰的目标。未来，随着 BIM 技术的不断发展和完善，绿色装饰与 BIM 技术的融合将会呈现出更加广阔的发展前景。

在当今建筑行业中，绿色装饰的重要性日益凸显。通过采用环保材料、提高能源利用效率以及减少对环境造成的影响，绿色装饰已成为建筑设计的重要考量因素之一。而 BIM 技术的不断发展则为实现绿色装饰提供了更多可能性。通过数字化设计、模拟建筑运行情况以及优化施工过程，BIM 技术可以帮助设计师和施工方更好地实现绿色装饰的目标。

随着全球对可持续发展的重视程度不断提高，绿色装饰与 BIM 技术的结合将会成为建筑行业发展的主流趋势。未来，随着 BIM 技术的不断完善和推广，绿色装饰可能会实现更加智能化、高效化的设计和施工过程。同时，随着技术的进步，绿色装饰所能达到的环保、节能效果也将得到进一步提升，为建筑行业的可持续发展贡献更多力量。

在绿色装饰与 BIM 技术的共同推动下，建筑行业将迎来新的发展机遇。不仅可以实现更加环保、节能的建筑设计和施工，还能够为城市的可持续发展做出更大的贡献。因此，建筑设计师和施工方需要不断学习和掌握最新的绿色装饰技术和 BIM 应用，以适应行业发展的新潮流。通过共同努力，绿色装饰与 BIM 技术的结合将推动建筑行业向着更加可持续、智能化的未来迈进。

第四节　绿色装饰与BIM技术的未来展望

一、可持续发展下的绿色装饰与BIM技术的发展趋势

在可持续发展的背景下，绿色装饰与BIM技术的结合呈现出了前所未有的发展机遇。未来，绿色装饰将更加注重环保、节能、健康等方面的需求，而BIM技术则将为绿色装饰带来更高效、更智能的解决方案。随着社会对可持续发展的需求不断增长，绿色装饰与BIM技术的融合将成为未来建筑行业的新潮流。通过BIM技术的全过程管理和数字化建模，绿色装饰可以在设计、施工、运营等各个环节实现更加精细化和智能化的管理。同时，BIM技术还将为绿色装饰提供更多的数据支持和决策依据，使其在可持续发展的道路上更加稳健前行。在未来，绿色装饰与BIM技术的结合将为建筑行业带来全新的思路和解决方案，推动行业朝着更加环保、智能、高效的方向发展。

在可持续发展的背景下，绿色装饰和BIM技术的结合不仅为建筑行业带来了新的发展机遇，同时也为环境保护和能源节约提供了更加全面的解决方案。未来，随着绿色装饰和BIM技术的进一步融合，建筑行业将迎来更多新的挑战和机遇。绿色装饰将更注重植物覆盖、可再生材料的利用和环保性能的提升，从而实现建筑的绿色生态化。而BIM技术，则将在建筑设计、施工和运营管理中发挥越来越重要的作用，提高项目的效率和质量，减少资源的浪费和环境的破坏。随着社会对可持续发展的需求日益增长，绿色装饰和BIM技术的融合将成为未来建筑行业的必然趋势。通过数字化建模和全过程管理，绿色装饰可以实现更加精细化和智能化的设计和施工，不断提高建筑的环保性和可持续性。与此同时，BIM技术将为绿色装饰提供更多的数据支持和决策依据，帮助行业在可持续发展的道路上更为稳健地前行。未来，绿色装饰和BIM技术的结合将为建筑行业带来更多创新的思路和解决方案，推动整个行业朝着更加环保、智能和高效的方向发展。通过不断的创新和合作，我们相信绿色装饰和BIM技术的结合将为建筑行业带来更加美好的未来。

二、智能化及自动化技术在绿色装饰与BIM技术中的应用

未来，绿色装饰和BIM技术的结合将更加深入，智能化及自动化技术将在这一领域中得到广泛应用。这将使得绿色装饰更加高效、可持续，同时也将为建筑行业带来更多的创新和发展机遇。通过将智能化及自动化技术应用于绿色装饰和BIM技术中，可以实现建筑设计、施工和维护过程的全面智能化管理，提高建筑的能效和环保水平。未来，我们可以期待更多的智能化设备和系统将被应用于绿色装饰和

BIM 技术中，从而实现建筑的智能化和可持续发展。

未来，随着智能化及自动化技术的不断发展，绿色装饰和 BIM 技术的结合将成为建筑行业的一大亮点。通过智能化设备和系统的应用，建筑设计、施工和维护将实现全面智能化管理，从而提高建筑的能效和环保水平。绿色装饰将更加高效和可持续，带来更多创新和发展机遇。

在未来的发展中，随着智能化及自动化技术的逐步普及，建筑设计过程将更加智能化，设计师可以通过智能系统快速生成符合环保要求的设计方案。施工过程也将得到优化，智能化设备的应用将大提高施工效率和质量。建筑维护方面，智能化系统可以及时监测建筑运行状态，做出相应的调整和维护，延长建筑的使用寿命。

除此之外，智能化及自动化技术的应用也将为建筑行业带来更多的创新和发展机遇。例如，智能化系统可以通过数据分析和智能控制实现建筑能源的可持续利用，减少浪费。同时，智能化设备的应用也将带动建筑行业向数字化、智能化方向迈进，推动行业的不断更新和变革。

总的来说，未来绿色装饰与 BIM 技术的结合将更加深入，智能化及自动化技术的广泛应用将使得建筑行业迎来新的发展机遇。通过不断推动智能化设备和系统在建筑领域的应用，我们可以期待建筑行业实现智能化和可持续发展，为未来的城市环境和人类生活带来更大的益处。

三、社会与文化因素对绿色装饰与 BIM 技术的影响

绿色装饰与 BIM 技术的未来展望在社会与文化因素的影响下，呈现出新的发展态势。社会的可持续发展需求和文化的环保意识逐渐升温，推动绿色装饰与 BIM 技术在建筑行业的应用。未来，绿色装饰将更加注重生态环境保护和资源节约，BIM 技术将进一步提升设计、施工、运营管理的效率和准确性。社会与文化因素对绿色装饰与 BIM 技术的影响是不可忽视的，它们将不断推动着这两个领域的创新与发展。

社会与文化因素对绿色装饰与 BIM 技术的影响是深远而持久的。随着人们对环境保护和可持续发展意识的增强，绿色装饰与 BIM 技术在建筑领域的应用将迎来更广阔的发展空间。在未来，绿色装饰将成为建筑行业的主流趋势，设计师将更加注重结合自然元素，打造绿色、健康的室内环境；而 BIM 技术将继续发挥着重要作用，通过数字化建模和协作平台，提升建筑设计和施工的效率和精准度。

社会的可持续发展需求将推动建筑行业朝着更加环保、节能的方向发展，绿色装饰和 BIM 技术将在这一过程中扮演重要角色。人们的文化观念和价值观念也将对绿色装饰与 BIM 技术的发展产生深远影响，促使设计师和技术人员更加注重人与自然的和谐相处，并致力于创造宜居的建筑空间。

未来，随着社会文化的不断进步和变革，绿色装饰与 BIM 技术的发展将愈发多样化和专业化。人们的环保意识和可持续发展理念将成为推动这两个领域不断创新的动力源泉，为建筑行业带来更多的发展机遇和挑战。在这一背景下，绿色装饰与 BIM 技术将持续融入建筑设计和施工领域，为人们创造更美好、更健康的生活空间，实现建筑与自然、人类与环境的和谐共生。

四、未来研究方向和重点

未来，绿色装饰与 BIM 技术的融合将成为建筑设计领域的重要趋势。在这一趋势下，研究人员可以关注以下几个方向进行深入探讨。

未来的研究重点之一是如何进一步优化绿色装饰材料的设计和应用过程，利用 BIM 技术提高设计效率和减少资源浪费。研究人员可以通过 BIM 技术实现绿色装饰的智能化管理和监控，实现对建筑环境的实时监测和控制，从而提高建筑的绿色性能。未来的研究也可以关注如何利用 BIM 技术进行绿色装饰方案的可视化展示和模拟分析，帮助设计师和决策者更好地理解和评估绿色装饰的效果。

未来的研究也可以探讨如何利用 BIM 技术实现绿色装饰与建筑其他系统（如供暖、通风、照明等）的集成优化，进一步提高建筑的整体绿色性能。同时，研究人员可以关注如何通过 BIM 技术实现不同绿色装饰方案的比较和评估，为设计者提供更多选择和决策依据。

总的来说，未来的研究方向将围绕着如何更好地利用 BIM 技术推动绿色装饰的设计与应用，从而实现建筑的更高绿色性能和可持续发展。希望通过不懈努力，使绿色装饰与 BIM 技术的融合不断取得新的突破与进展，为建筑行业的发展注入新的活力和动力。

在未来的研究中，我们可以进一步探讨如何将 BIM 技术与绿色装饰的材料选择和施工过程相结合，以优化建筑整体的环保性能。同时，可以研究如何通过 BIM 技术实现绿色装饰方案的可持续性评估，为设计者提供更科学的决策依据。

除此之外，未来的研究还可以关注如何利用 BIM 技术实现建筑绿色装饰与自然资源有效利用之间的协调，进一步提升建筑的环保水平和可持续性。同时，研究人员可以探讨如何通过 BIM 技术实现绿色装饰的成本控制和效益评估，为建筑业的可持续发展提供更强有力的支持。

总的来说，未来的研究方向将主要围绕着如何更好地利用 BIM 技术促进绿色装饰设计的创新与实践，从而推动建筑行业向着更加绿色、环保的方向迈进。希望通过持续的努力和探索，能够不断拓展绿色装饰与 BIM 技术的结合领域，为建筑行业的绿色发展贡献更多的智慧和力量。

第三章　BIM 技术在绿色装饰项目中的应用及研究方法

第一节　BIM 技术在绿色装饰项目中的介绍

一、绿色装饰项目的概念和意义

绿色装饰项目的概念可以理解为在建筑装饰过程中，采用利用环保材料和技术，以减少对环境的影响和资源浪费。绿色装饰项目的意义在于促进建筑行业向可持续发展方向转变，提高建筑装饰的环保性和可持续性，减少能源消耗和碳排放，保护环境，提升人们的生活质量。通过引入 BIM 技术在绿色装饰项目中的应用，可以提高项目的设计效率和质量，实现对装饰材料的全程管控和精准预测，为项目的绿色发展提供技术支持和保障。

绿色装饰项目的概念和意义体现了建筑行业对环保和可持续发展的追求。在实践中，推动绿色装饰项目的发展需要借助先进的技术手段和创新理念。BIM 技术的引入为绿色装饰项目提供了强大支持，通过数字化建模和信息管理，实现了对项目全过程的可视化管理和优化设计。BIM 技术能够精准预测装饰材料的性能和适用性，有效提高设计效率和施工质量。同时，绿色装饰项目的实施也需紧密结合现代建筑理念，充分考虑空间规划、能源利用、材料选择等因素，确保项目在环保和节能方面取得显著成果。通过不断探索和实践，绿色装饰项目将成为建筑行业可持续发展的重要支柱，为人们创造更加健康、舒适的生活和工作环境。

二、BIM 技术在绿色装饰中的作用

BIM 技术在绿色装饰项目中的介绍，是指利用 BIM 技术在绿色装饰领域进行创新研究和实践。通过 BIM 技术，可以实现对绿色装饰项目的全过程管理和优化设计，从而提高项目的效率和质量。在绿色装饰项目中，BIM 技术发挥着重要作用，不仅可以辅助设计师快速创建和修改设计方案，还可以实现装饰材料的精准搭配和节能设计。通过 BIM 技术，设计团队可以实现信息共享和协同工作，提高沟通效率，确保设计方案的一致性和完整性。在绿色装饰项目中，BIM 技术还可以帮助设计团队对装饰材料和施工工艺进行全面的仿真和分析，减少错误和改动，提高项目的可持续性和竞争力。通过 BIM 技术，设计团队可以借助虚拟现实技术，提前预览和体验设

计方案，为决策提供更加直观和全面的参考依据。BIM 技术在绿色装饰项目中具有重要意义，可以帮助设计团队实现创新研究和提升项目价值。

在绿色装饰项目中，BIM 技术的应用还可以提高项目的可视化效果，让设计师和客户更直观地了解整个装饰过程。同时，BIM 技术还可以帮助设计团队进行材料和供应链管理，实现资源的合理利用和成本的控制。通过 BIM 技术，设计团队可以对项目进行全面的数据分析，帮助设计师做出更合理的设计决策，降低项目的风险和成本。BIM 技术还可以与其他建筑信息技术结合，实现项目的数字化转型，提升整个装饰行业的竞争力和创新能力。在未来，随着技术的不断发展和应用的深入，BIM 技术将扮演着越来越重要的角色，在绿色装饰项目中发挥着更大的作用，推动着装饰行业向更智能、更可持续的方向发展。

三、绿色装饰项目中使用 BIM 技术的必要性

绿色装饰项目中使用 BIM 技术的必要性在于提高设计效率、优化项目管理、降低成本，实现可持续发展目标。BIM 技术可以帮助设计师更好地理解设计方案，使得设计过程更加精准和高效。同时，BIM 技术可以提供项目管理工具，帮助团队成员更好地协作，提高项目执行效率。在绿色装饰项目中，BIM 技术可以帮助设计师优化建筑结构和材料选择，实现节能减排的目标。BIM 技术可以模拟建筑设计在不同季节和气候条件下的运行效果，帮助设计师做出更加科学的设计决策。总而言之，绿色装饰项目中使用 BIM 技术是必要的，可以帮助项目实现可持续发展的目标。

在绿色装饰项目中，BIM 技术的应用还能够提高项目的质量和可持续性。通过 BIM 技术，设计师可以更好地预测项目施工过程中可能出现的问题，并及时进行调整和优化，确保项目能够按照设计方案高质量的完成。同时，BIM 技术还能够帮助设计团队进行全方位的协作和沟通，避免信息的丢失和误解，从而提高项目的整体质量。BIM 技术还可以对建筑的维护和运营提供有力支持，帮助业主更加高效地管理建筑物，延长建筑物的使用寿命。在绿色装饰项目中，BIM 技术的应用可以促进各个环节的协同作业，实现从设计、施工到运营全生命周期的可持续发展目标。绿色装饰项目中使用 BIM 技术不仅能够提高设计效率和降低成本，更能够推动项目质量的提升和可持续性的实现。BIM 技术的应用为绿色装饰项目的成功实施和可持续发展注入了新的动力和活力。

四、BIM 技术在提高绿色装饰项目效率方面的优势

BIM 技术是一种建筑信息建模技术，可以在整个建筑生命周期内实现数字化管理和协作。在绿色装饰项目中，BIM 技术可以有效地整合各类设计信息，实现多专

业的协同设计，提高设计效率和质量。同时，BIM 技术可以实现可视化的建筑设计和工程管理，帮助设计师和施工人员更直观地了解项目需求和执行方案，从而减少设计变更和施工错误，提高项目的整体效率和可控性。

BIM 技术还可以实现模拟和分析，帮助设计师在设计阶段就对绿色装饰方案进行可持续性评估和优化，从而提前发现和解决潜在的问题，降低项目的风险和成本。BIM 技术还可以实现信息的共享与交流，保证项目各方之间的沟通畅通，减少信息传递和交流带来的误解和偏差，提高项目的执行效率和协同效率。

总的来说，BIM 技术在绿色装饰项目中的应用可以极大地提高项目的设计效率、施工效率和管理效率，帮助项目团队更好地协作共同推动项目的可持续发展。通过应用 BIM 技术，可以使绿色装饰项目更加智能化、数字化和可持续化，为城市的可持续发展做出积极贡献。

在绿色装饰项目中，BIM 技术的优势还体现在项目管理方面。通过 BIM 技术，可以实现项目进度的自动化监控和管理，及时发现和解决施工过程中的问题，确保项目按时保质完成。同时，BIM 技术还可以实现资源的有效配置和优化，降低项目成本，提高项目的经济效益。

BIM 技术在项目验收和运营阶段也具有重要作用。通过 BIM 技术，可以建立完善的建筑设施信息模型，为建筑设施的运行和维护提供有力支持。对于绿色装饰项目来说，BIM 技术可以帮助建筑业主实现建筑设施的精细化管理，延长设施的使用寿命，提高设施的能源利用效率。

总的来说，BIM 技术在绿色装饰项目中的应用不仅可以提高项目的设计效率和施工效率，还可以优化项目的管理和运营，实现项目全生命周期的信息化管理。通过 BIM 技术，绿色装饰项目可以实现更加高效、可持续的发展，为社会和环境可持续发展做出积极贡献。BIM 技术的不断应用和发展将进一步推动绿色装饰产业的发展，促进建筑行业实现绿色、智能、可持续的转型升级。

第二节 BIM 技术在绿色装饰项目中的应用案例

一、建筑设计阶段的 BIM 技术应用

在绿色装饰项目中，BIM 技术被广泛应用，为设计团队提供了更加高效和准确的工作方式。通过 BIM 技术，设计团队可以实现快速的设计和模拟，更好地展示设计想法并进行实时的调整。同时，BIM 技术还可以帮助设计团队在项目执行阶段更好地协作和管理信息，确保项目按照设计方案顺利完成。

在建筑设计阶段，设计团队可以利用 BIM 技术进行建筑模型的创建和优化。通过 BIM 技术，设计师可以更加直观地看到建筑的整体结构和布局，从而更好地进行设计方案的制定和调整。BIM 技术还可以帮助设计团队进行建筑元素的选择和优化，以达到节能环保的设计目标。通过 BIM 技术，设计团队可以更好地控制建筑的材料和施工过程，确保项目符合绿色装饰的要求。

在绿色装饰项目中，建筑设计阶段的 BIM 技术应用是非常关键的。通过 BIM 技术，设计团队可以更加高效地进行设计工作，确保项目达到绿色装饰的标准。同时，BIM 技术还可以帮助设计团队更好地协作和管理信息，确保项目按照设计方案有序进行。因此，建筑设计阶段的 BIM 技术应用对于绿色装饰项目的成功实施起着至关重要的作用。

在建筑设计阶段，BIM 技术的应用不仅限于建筑结构和布局的优化，还可以在材料选择、施工过程、设备配置等方面发挥重要作用。通过 BIM 技术，设计团队可以实时监控建筑材料的使用情况，及时调整方案以减少浪费，提高资源利用率。BIM 技术还可以帮助设计师模拟建筑施工过程，发现潜在的问题并进行预防，从而保证施工质量和进度。在设备配置方面，BIM 技术可以帮助设计团队优化设备布局，提高能源利用效率，降低运行成本。

除此之外，建筑设计阶段的 BIM 技术应用还可以促进设计团队的协作和信息管理。通过 BIM 技术，设计师、建筑师、工程师等不同专业的团队成员可以在同一平台上进行实时交流和合作，共同完善设计方案。设计团队可以通过 BIM 技术共享设计文档、图纸和模型，保持设计方案的一致性和完整性。同时，BIM 技术还可以帮助设计团队管理建筑项目的进度、预算和质量，提高项目管理的效率和质量。

总的来说，建筑设计阶段的 BIM 技术应用对于绿色装饰项目的成功实施至关重要。通过 BIM 技术，设计团队可以更加高效地进行设计工作，优化建筑结构和布局，选择合适的材料和设备，保证施工质量和进度，促进团队协作和信息管理。只有充分发挥 BIM 技术的作用，才能实现绿色装饰项目的设计理念，提升建筑品质，实现可持续发展的目标。

二、施工阶段的 BIM 技术应用

BIM 技术在绿色装饰项目中的应用案例，可以有效地提高装饰项目的设计效率和施工质量。施工阶段的 BIM 技术应用主要包括协调施工现场，优化施工流程，监控施工进度等方面。通过 BIM 技术，施工人员可以在虚拟环境中模拟施工过程，发现并解决施工中可能存在的问题，从而提高施工效率和质量。同时，BIM 技术还可以实时监控施工进度，及时调整施工计划，确保项目按时完成。通过以上应用案例可见，BIM技术在绿色装饰项目中的应用具有重要意义，可以为项目的成功实施提供有力支持。

在施工阶段的BIM技术应用中，施工现场协调是至关重要的一环。通过BIM技术，施工人员可以在虚拟环境中精确地确定各项施工艺的具体位置和布局，避免施工过程中出现冲突和交叉问题，从而提高了施工效率和减少了施工风险。BIM技术还可以优化施工流程，通过模拟施工过程中的工序安排和施工顺序，实现施工资源的合理分配和利用，提高了施工效率和降低了施工成本。

监控施工进度也是BIM技术在施工阶段的重要应用之一。通过实时监控施工进度和相关数据，施工管理者可以随时了解施工进展情况，及时调整施工计划，确保项目能够按时完成并达到预期的质量标准。BIM技术还可以帮助施工人员在虚拟环境中模拟施工过程，预测可能出现的施工问题并提前加以解决，减少了施工现场的纠纷和延误，保证了施工质量和安全。

总的来说，BIM技术在绿色装饰项目中的应用不仅可以提高项目的设计效率和施工质量，还可以为项目的成功实施提供有力支持。通过有效的施工现场协调、优化施工流程和实时监控施工进度，BIM技术为绿色装饰项目的顺利进行奠定了坚实的基础。在未来，随着BIM技术的不断发展和完善，相信其在绿色装饰项目中的应用将会越来越深入，为建筑行业带来更多的发展机遇和创新成果。

三、运营和维护阶段的BIM技术应用

BIM技术在绿色装饰项目中的应用案例主要包括设计阶段的信息模型构建、协调设计和可视化展示、施工阶段的数字化施工和施工进度管理、以及运营和维护阶段的设备管理和维修保养。在绿色装饰项目中，BIM技术可以帮助设计师更好地理解项目需求，提高设计效率，降低设计错误率，实现设计方案与绿色标准的有效匹配。

运营和维护阶段的BIM技术应用是指通过建立设备信息模型、实时监测设备运行状态、预测设备运行故障等方式，实现绿色装饰项目的设备管理和维护优化。通过BIM技术，可以实现对设备管理的智能化、高效化，提高设备的利用率和性能表现，延长设备的使用寿命，降低维护成本，从而保障绿色装饰项目的持续运行和发展。

在绿色装饰项目中，BIM技术在运营和维护阶段的应用不仅限于设备管理和维修保养，还可以通过数据分析和智能决策系统提升项目的整体运行效率。利用BIM技术，可以实现对能耗、耗材和人力资源的综合管理，帮助项目管理者实时监测项目运行状态，及时发现问题并采取措施加以改进。通过建立数据模型和分析技术，可以对绿色装饰项目进行精准预测和优化调整，提高项目的整体绩效表现。

在运营和维护阶段，BIM 技术还可以与 AI 人工智能技术结合，实现设备运行状态的智能监测和故障预警。通过数据的采集、分析和处理，可以建立设备的健康评估模型，实现对设备寿命和性能的动态监测和评估。借助人工智能算法的支持，可以对设备运行情况进行深度学习和优化，提高设备运行的智能化水平，进一步降低设备运行风险，保障项目的顺利运营。

BIM 技术还可以在运营和维护阶段与大数据分析技术相结合，实现绿色装饰项目的全生命周期数据管理。通过将各个阶段数据集成和共享，可以建立项目的数字孪生模型，实现对项目的全面监测和分析。通过大数据技术的支持，可以实现对绿色装饰项目的数据挖掘和价值提取，为项目未来的规划和发展提供更加科学的依据。

BIM 技术在绿色装饰项目的运营和维护阶段的应用，不仅在设备管理和维修保养方面发挥重要作用，更可以通过智能化决策、AI 技术以及大数据分析技术的应用，实现项目的全面优化和提升，为绿色装饰项目的可持续发展提供技术支持和保障。

第三节　研究方法和工具

一、BIM 技术在绿色装饰项目中的数据采集方法

BIM 技术在绿色装饰项目中的数据采集方法包括使用 BIM 软件和相关插件实时采集和分析建筑信息模型中的数据，通过建立数字化的建筑模型，实现对绿色装饰项目的全方位监控。同时，结合传感器技术和物联网技术，可以实时监测建筑设备的使用情况和能源消耗情况，为绿色装饰项目的设计和施工提供数据支持。利用 BIM 技术可以对建筑材料的选择、搭配和使用进行模拟和评估，提高绿色装饰项目的设计效率和节能性能。通过数据采集和分析，可以对绿色装饰项目进行可持续性评估，为项目的后期运营和管理提供参考依据。通过研究 BIM 技术在绿色装饰项目中的数据采集方法，可以有效提升项目的设计水平和施工质量，实现绿色环保的目标。

在绿色装饰项目中，数据采集方法的优化可以帮助设计团队更好地了解建筑的运行情况，从而提前发现和解决可能出现的问题。除了使用 BIM 软件和相关插件外，还可以结合无人机技术，利用其高空拍摄的数据来完善建筑信息模型。同时，借助人工智能技术的发展，可以实现对建筑模型的自动分析和识别，提高数据采集的准确性和效率。通过引入区块链技术，可以确保数据的安全性和不可篡改性，为建筑信息的可靠性提供保障。

在绿色装饰项目中，数据采集方法的不断创新也使得项目的可持续性得以进一

步提升。随着云计算和大数据技术的广泛运用，设计团队可以更好地管理和分析建筑信息模型中的海量数据，为项目的决策提供科学依据。同时，利用虚拟现实和增强现实技术，可以将建筑模型呈现在三维空间中，帮助相关人员更直观地了解项目的各个细节，促进沟通与合作。利用机器学习和自然语言处理技术，可以实现对数据的智能挖掘和分析，为项目的改进提供思路和方向。

总的来说，不断探索和应用新的数据采集方法，将有助于提升绿色装饰项目的设计水平和施工质量，实现项目的节能环保目标。通过技术的不断创新与整合，建筑行业将迎来更多的发展机遇，并为实现可持续发展目标贡献力量。

二、数据处理和分析工具的使用

在本研究中，我们采用了多种数据处理和分析工具来支持绿色装饰项目中BIM技术的研究。我们使用了*软件*来对项目中收集到的各项数据进行分类、整理和存储。通过*软件*，我们能够对数据进行实时监测和更新，确保数据的准确性和完整性。

我们利用*软件*来对项目中的建筑信息进行建模和仿真。这些模型可以帮助我们更好地理解绿色装饰项目中的各个细节，包括材料选择、能效分析、室内环境仿真等方面。通过建立这些模型，我们可以更好地预测项目的性能和效益，为设计和施工提供参考。

我们还采用了*软件*来进行数据可视化和分析。通过绘制图表、制作动态展示等方式，我们可以更直观地展示数据的变化趋势和关联性，从而为项目的决策提供支持和参考。

数据处理和分析工具在绿色装饰项目中扮演着至关重要的角色。通过这些工具的使用，我们可以更好地理解项目的特点和要求，为项目的设计和施工提供科学依据和技术支持。希望本研究能为BIM技术在绿色装饰中的创新应用提供有益的参考和借鉴。

数据处理和分析工具在绿色装饰项目中的重要性不言而喻。通过这些工具，我们可以更加深入地了解建筑信息的特点和要求。同时，数据处理和分析工具的使用也能够提高项目的效率和可靠性。在绿色装饰项目中，我们还可以借助于虚拟现实技术，通过模拟建筑环境的各个细节来进行数据处理和分析，从而更好地优化设计方案和提高施工效率。

随着科技的不断发展，数据处理和分析工具的功能也在不断增强。比如，我们可以利用人工智能技术来对大量的建筑信息进行智能分析，从而更加准确地预测项目的性能和效益。同时，数据可视化技术的应用也使得数据处理和分析工具的结果

第三章　BIM 技术在绿色装饰项目中的应用及研究方法

更加直观可见，为项目的决策提供了更多元化的参考。

在建筑信息的建模和仿真过程中，数据处理和分析工具的使用也有助于我们更好地控制项目的质量和成本。通过实时监控数据变化趋势和关联性，我们可以及时调整设计方案和施工进度，从而确保项目的顺利进行。因此，数据处理和分析工具的作用不仅停留在理论层面，更能够通过实际应用来提高项目的实效性和可持续性。

总的来说，数据处理和分析工具在绿色装饰项目中扮演着不可或缺的角色。通过不断创新和应用，我们可以更好地发挥这些工具的作用，为绿色装饰项目的设计和施工提供更加科学的支持。希望未来能够进一步挖掘数据处理和分析工具在绿色装饰领域的潜力，为行业的可持续发展贡献更多新的思路和方法。

三、BIM 技术在绿色装饰项目中的模拟和预测方法

针对绿色装饰项目中的模拟和预测需求，BIM 技术提供了一系列研究方法和工具。BIM 技术可以通过建模技术对项目进行全面的模拟，包括建筑结构、设备布局、材料选择等方面。BIM 技术还可以利用虚拟现实技术，实现对装饰效果的实时预测和调整。BIM 技术还可以结合数据分析技术，对项目的成本、进度、质量等进行全面预测和优化。总的来说，借助 BIM 技术的模拟和预测功能，绿色装饰项目可以实现更高效、更精准的设计和施工，为绿色发展注入新的动力。

针对绿色装饰项目中的模拟和预测需求，BIM 技术提供了多种研究方法和工具。在建模技术方面，BIM 技术可以精确地呈现建筑结构和设备布局，帮助设计师和施工人员更好地了解整个项目的构造和功能布局，从而提前发现潜在问题并进行调整。通过虚拟现实技术的运用，可以实现对装饰效果的实时预测和调整，使设计师和业主可以更直观地感受到装饰效果，提前辨别出不合适的元素并进行修改。结合数据分析技术，BIM 技术可以对项目的成本、进度和质量进行全面预测和优化，帮助项目团队更有效地管理项目，确保项目按计划顺利进行。

除了上述功能，BIM 技术还可以在绿色装饰项目中提供更多价值。例如，通过 BIM 技术实现的模拟和预测可以帮助设计师和施工人员更好地协作，减少误差和重复工作，提高整体工作效率。同时，BIM 技术还可以提供更多选择和灵活性，设计师可以根据模拟效果和预测结果进行多次调整，以达到最佳装饰效果。通过 BIM 技术实现的精准预测，可以帮助项目团队充分评估项目的风险和机遇，制定更科学的决策，从而更好地推动绿色装饰项目的可持续发展。

总的来说，BIM 技术在绿色装饰项目中的模拟和预测方法不仅可以提高项目的管理效率和装饰质量，还可以为绿色发展注入新的动力。通过 BIM 技术的应用，绿色装饰项目将更加智能、高效，并与时俱进地融入可持续发展的理念中。

第四章 典型绿色装饰案例研究及 BIM 技术应用

第一节 住宅绿色装饰案例研究

一、项目介绍

(一) 项目背景

项目背景是指绿色装饰作为一种环保、节能的装饰方式，在当今社会受到越来越多的关注。随着人们对环保理念的日益深入，绿色装饰在建筑行业的应用也逐渐增多。针对住宅绿色装饰的案例研究，能够帮助我们更深入地了解绿色装饰的实际应用情况，探寻其中的创新技术和设计理念。通过对不同住宅项目的研究，可以总结出一些成功的经验和做法，为今后的绿色装饰提供借鉴和参考。本文将结合 BIM 技术，对一些典型的住宅绿色装饰案例进行研究和分析，探讨 BIM 技术在绿色装饰中的创新应用。

项目背景为绿色装饰作为一种环保、节能的装饰方式，在当今社会备受关注。随着人们环保意识的提高，建筑行业对绿色装饰的需求逐渐增加。通过对住宅绿色装饰实际案例的深入研究，我们可以更好地了解其应用情况，挖掘创新技术和设计理念。从不同住宅项目中总结成功经验和做法，将有助于未来绿色装饰的发展，并为相关行业提供借鉴和参考。

结合 BIM 技术，对典型的住宅绿色装饰案例展开研究和分析，探讨 BIM 技术在该领域的创新应用。BIM 技术能够为绿色装饰提供更精准的设计和施工方案，实现资源的最大化利用和能源的高效节约。通过数字化建模和虚拟仿真，设计师和施工团队可以在早期阶段发现问题并加以解决，从而提高设计效率和施工质量。

BIM 技术还能够实现住宅与周围环境的良好融合，确保装饰材料的可持续性和环保性。通过模拟不同装饰方案对环境的影响，可以选择最适合的设计方案，减少对环境的损害。同时，BIM 技术还能够提升住宅绿色装饰的整体效果和用户体验，使居住环境更加舒适和健康。

因此，在住宅绿色装饰领域，结合 BIM 技术的创新应用将为行业带来更多的机遇和挑战。继续深入研究和探索，不断推动绿色装饰的发展，助力建筑行业向着更加环保、节能的方向迈进。

(二) 设计理念

设计理念是指在住宅绿色装饰项目中，注重结合环保概念和现代设计理念，以实现舒适、健康和生态的居住环境为目标。通过打造一个绿色、节能、环保的住宅空间，旨在提高人们生活品质的同时，减少能源消耗和环境污染。设计师在项目中积极探索采用可再生材料和节能设备，利用 BIM 技术实现设计构思与施工过程的高效协同，并致力于打造一个全方位符合绿色建筑标准的住宅样板。

在设计理念的指导下，本项目充分考虑了绿色装饰的设计原则和技术要求，以实现绿色装饰的环保、健康、节能和可持续发展的目标。设计师在材料选择、空间布局、室内氛围营造等方面展现了创新和前瞻性，以绿色装饰为主题进行设计与装饰，使其成为一个环保、鲜活、包容的生活空间。通过 BIM 技术的运用，设计师可以对建筑结构、材料、装修等多方面进行数字化建模和智能化管理，实现对住宅绿色装饰项目的全程跟踪与控制。

设计师以绿色装饰项目为切入点，结合 BIM 技术的应用，探索了住宅设计与建造的新模式与新方法，为住宅绿色装饰领域的发展贡献了新的思路和实践经验。设计师在项目中不断创新，不断挑战传统思维，以绿色装饰为引领，以 BIM 技术为支撑，打造出一个符合现代人居需要的、绿色环保的住宅空间。通过现代技术的运用和设计理念的引领，本项目为绿色装饰领域的发展树立了典范，为绿色建筑事业的发展贡献了力量。

在这个项目中，设计师始终坚持绿色环保的理念，通过 BIM 技术的运用，为整个住宅绿色装饰项目注入了新的活力和可持续性。设计师从建筑结构到材料选择，再到装修风格，都充分考虑了环保因素，并且尽可能地减少对环境的影响。

在整个设计与装饰的过程中，设计师大胆创新，挑战了传统的设计思路，不断寻求突破。在绿色装饰的引领下，设计师打造出一个充满生机和活力的生活空间，为住户营造了一个舒适宜居的环境。

通过现代技术的应用和设计理念的引领，设计师成功地将绿色装饰与 BIM 技术相结合，为绿色建筑事业的发展树立了榜样。这个项目的成功实践为绿色装饰领域的进步提供了宝贵的经验和启示，也为未来的住宅设计与建造提供了新的思路和方向。

总的来说，这个项目不仅是一次成功的实践，更是绿色装饰领域发展的一次创新尝试。设计师以绿色为主题，以 BIM 技术为支撑，为现代人居环境的建设贡献了自己的力量，为整个绿色建筑事业的进步做出了积极贡献。希望这种创新的设计理念和技术手段能够在未来的建筑领域得到更广泛的应用，为我们的地球环境保护作出更大的贡献。

（三）绿色装饰材料选择

在住宅绿色装饰案例研究中，项目介绍起着至关重要的作用。通过对该项目的细致分析和全面描述，可以更好地理解装饰方案的设计理念和实施方式。绿色装饰材料选择是该项目中一个关键的环节，涉及到所有装饰材料的选择和搭配，以确保整体设计的绿色环保性和可持续性。在这个过程中，设计师需要综合考虑材料的环保性能、安全性、美观度以及可持续性等方面的因素，从而做出最佳的选择。通过合理的绿色装饰材料选择，可以有效减少对环境的污染，提高住宅的舒适度和健康性。在绿色装饰材料选择的过程中，设计师需要不断进行研究和实践，积累经验，不断提升自身的设计水平和创新能力。利用 BIM 技术在绿色装饰中的创新研究，可以更好地实现绿色装饰材料选择的科学性和精确性，为住宅装修提供更加优质的环境和服务。

在进行绿色装饰材料选择时，设计师需要充分了解各种装饰材料的特性和性能，包括其环保性、安全性、美观度以及可持续性等方面。在市场上，有许多符合绿色环保标准的装饰材料可供选择，如低 VOC 涂料、可降解的建筑材料、回收利用的木材等。通过合理搭配和运用这些绿色装饰材料，可以有效减少室内空气污染，提升室内环境的品质。

绿色装饰材料的选择也需要考虑到住宅的实际使用需求，在不同区域和不同房型中，可能需要选择不同类型的绿色装饰材料。比如，在潮湿多雨的地区，需要选择具有防潮防霉功能的材料；在阳光充足的地方，可以考虑使用耐光照的材料。设计师还要考虑到材料的维护和保养情况，选择易清洁、耐磨损的材料，以延长装饰效果的持久性。

除了材料本身的选择，设计师还需要关注绿色装饰材料的搭配和组合。不同的装饰材料搭配出的效果可能会产生不同的视觉冲击和空间感受。因此，在进行绿色装饰材料选择时，设计师需要考虑整体的装饰风格和主题，确保各个装饰元素之间的协调和统一，达到整体美感的最佳效果。

通过不断的研究和实践，设计师可以积累更多的经验和技巧，在绿色装饰材料选择方面不断提升自身的设计水平和创新能力。利用先进的技术手段，如 BIM 技术，可以更加科学、精准地实现绿色装饰材料选择，为住宅装修提供更高品质的环境和服务。

(四) BIM 技术应用

我根据您提供的需求生成了如下内容：

在住宅绿色装饰案例研究中，BIM 技术的应用起到了至关重要的作用。通过 BIM 技术，设计师可以实时地模拟建筑结构、材料和环境参数等多方面的信息，从而更好地呈现设计效果和效果。BIM 技术还可以帮助设计师优化设计方案，提高设计效率，节省时间和成本。在绿色装修项目中，BIM 技术可以帮助设计师实现可持续发展的目标，提高建筑的能源效率和环保水平。通过 BIM 技术，设计师可以更好地控制建筑的整体性能，使之符合绿色装修标准。

在实际的住宅绿色装饰案例研究中，设计师可以通过 BIM 技术对建筑结构、材料和设备进行模拟和优化，使建筑更加节能环保。设计师可以利用 BIM 技术对建筑进行模拟分析，通过调整参数和方案，实现节能减排的目标。同时，BIM 技术还可以帮助设计师预测建筑在使用过程中的能源消耗和环境影响，为设计和施工提供可靠的数据支持。

总的来说，在绿色装修项目中，BIM 技术的应用可以有效提高设计效率和质量，实现节能减排的目标，推动建筑行业朝着更加环保和可持续的方向发展。设计师可以借助 BIM 技术实现创新设计，为住宅装修注入更多绿色元素，提升建筑的环保水平和美观程度。通过研究典型的绿色装饰案例，结合 BIM 技术的应用，可以为住宅绿色装修提供更多的参考和借鉴。

通过 BIM 技术对建筑结构和材料进行模拟和优化，设计师可以实现更加智能化的建筑设计。BIM 技术可以帮助设计师在设计阶段就对建筑进行全面的评估和分析，从而有效降低建筑在使用过程中的能耗。通过 BIM 技术，设计师可以进行多维度的设计和模拟，从而更好地理解建筑系统的运行机理，为建筑在节能环保方面提供更科学的解决方案。

在现代社会，人们对建筑的环保和节能要求越来越高，而 BIM 技术的应用正好符合这一趋势。设计师可以通过 BIM 技术实现建筑设计与施工全过程的信息互通，从而提高建筑装修过程中的协同效率，减少浪费和误差，进一步推动建筑行业的可持续发展。借助 BIM 技术，设计师可以实现设计理念与施工实践的有效结合，实现建筑设计的最佳效果。

总的来看，BIM 技术的应用不仅可以提高建筑设计效率和质量，还可以促进建筑行业向更加环保和可持续的方向发展。设计师可以充分利用 BIM 技术的优势，实现住宅装修的绿色目标，为建筑行业注入更多的创新与活力。通过研究 BIM 技术在典型绿色装修案例中的应用，设计师可以更好地把握绿色装修的趋势，为建筑行业的发展提供更多有益的参考和借鉴。BIM 技术的不断创新和发展将为建筑行业的可持续发展注入新的动力和活力。

二、实施过程

(一) 施工阶段

住宅绿色装饰案例研究的实施过程中，施工阶段是至关重要的一环。在这个阶段，施工人员需要根据设计图纸，采取相应的措施进行实际施工作。他们需要按照预定的计划，合理安排工程进度，并严格执行相关的规范和标准。在这个过程中，施工人员需要密切配合，相互协作，确保施工作的顺利进行。同时，他们还要及时发现和解决工程中出现的问题和难题，确保工程质量达到设计要求。经过施工阶段的努力，住宅绿色装饰工程最终完成，实现了设计师的设想，为居民提供了一个舒适、环保的居住环境。

在施工阶段，施工人员的责任重大，他们必须确保工程按照设计要求进行施工。他们需要仔细审视设计图纸，严格执行每一个工艺细节，确保每一个步骤都符合相应的标准。在实际操作中，他们需要密切合作，相互协作，确保工程按照预定计划有序进行。同时，他们还要及时应对工程中出现的问题和挑战，采取有效措施解决，保证工程质量不受影响。

施工阶段不仅要求施工人员有丰富的实践经验，更需要他们具备较强的责任心和技术能力。他们需要始终保持警惕，发现任何可能影响工程质量的问题，并及时采取措施解决。在这个过程中，施工人员的团队协作能力至关重要，只有各个岗位密切配合，才能确保施工作的顺利进行。

在施工过程中，施工人员还需要密切关注材料的选择和使用，确保材料符合环保要求，并严格按照相关标准施工。他们需要细心谨慎，严格把关每一个细节，以确保工程质量与设计要求一致，为居民打造一个安全、舒适的居住环境。

最终，经过施工阶段的努力和付出，住宅绿色装饰工程将得以完美落成，为设计师的设想添上最后的一笔。届时，居民将能够享受到优质的居住环境，并感受到绿色装饰带来的舒适与环保。施工人员在这一过程中的辛勤劳动将被充分体现，他们将为这个美好的环境贡献自己的一份力量。

(二) 环保措施

在住宅绿色装饰案例研究中，环保措施的实施是至关重要的。在实施过程中，设计师和施工人员需要密切合作，确保环保措施得以有效执行。一些常见的环保措施包括选择可再生材料、减少废弃物和能源消耗、提高室内空气质量等。通过采取这些措施，可以最大程度地减少对环境的负面影响，为居住者提供一个健康、舒适的生活环境。在BIM技术的应用下，设计团队可以更好地规划和设计绿色装饰方案，实现资源的最大化利用和环保目标的达成。通过BIM技术，设计师可以实现虚拟建模和仿真，提前发现潜在的环保问题并加以解决，从而为绿色装饰项目的顺利实施提供坚实的技术支持。通过合理利用BIM技术以及结合有效的环保措施，可以进一步推动绿色装饰产业的发展，为可持续发展建设出更多可持续的住宅环境。

在实施环保措施时，设计师和施工人员的密切合作是至关重要的。他们需要共同努力，确保环保策略能够得以有效贯彻执行。在选择材料时，应优先考虑可再生材料，并尽量减少废弃物和能源消耗。还应注重提高室内空气质量，以确保居住者能够享有健康舒适的居住环境。通过BIM技术的应用，设计团队可以更加高效地规划绿色装饰方案，并实现资源的最大化利用。通过虚拟建模和仿真，设计师可以提前发现潜在的环境问题，并及时加以解决，从而为环保措施的实施提供技术支持。通过合理利用BIM技术和有效的环保措施，可推动绿色装饰产业的发展，为可持续发展建设更多可持续的住宅环境。通过不懈努力，我们可以共同努力，打造更加环保、健康的生活环境，为未来的可持续发展贡献力量。

（三）碳排放情况

住宅绿色装饰案例研究是绿色建筑设计中的重要组成部分，通过对典型案例的研究可以发现其中的创新之处。在实施过程中，BIM技术的应用起到了至关重要的作用，不仅提高了设计效率，还能够实时监测装饰材料的碳排放情况。通过对碳排放情况的详细分析，可以更好地评估装饰方案的环保性，为绿色建筑设计提供科学依据。在未来的研究中，应进一步完善BIM技术在绿色装饰领域的应用，推动绿色建筑发展迈上新的台阶。

在绿色建筑设计中，碳排放情况是一个至关重要的指标。通过对住宅绿色装饰案例的研究，我们可以看到设计者在选择装饰材料时的创新之处，以及他们如何利用BIM技术来监测这些材料的碳排放情况。这些数据的详细分析可以为评估装饰方案的环保性提供科学依据。

随着社会对绿色建筑的关注不断增加，我们需要不断完善BIM技术在绿色装饰领域的应用。只有不断推动技术的进步，才能确保绿色建筑设计在碳排放减少方面取得更大的成就。因此，未来的研究中应当重点关注如何提高BIM技术在装饰设计中的准确性和实用性。

除了BIM技术的应用，我们还需要在装饰材料的选择和施工过程中注重环保性。只有选择低碳排放的材料,并严格控制施工过程中的排放,才能真正实现绿色建筑设计的目标。同时,设计者还应当注重与装饰材料供应商的合作,共同致力于减少碳排放,推动整个建筑行业朝着更加可持续的方向发展。

总的来说,住宅绿色装饰案例研究为我们提供了一个宝贵的参考,告诉我们绿色建筑设计中碳排放情况的重要性。通过继续探索并完善相关技术和方法,我们有信心可以让绿色建筑发展迈上新的台阶,为地球环境和人类健康共同努力。

三、成果评估

(一) 能效果

住宅绿色装饰案例研究是绿色建筑领域的重要方向之一,通过对各种典型案例的研究分析,可以发现其在不同环境下的装饰设计理念和技术手段。在绿色建筑实践中,住宅绿色装饰案例往体现出节能减排、环保健康等特点,具有一定的示范作用。在BIM技术的支持下,设计师可以更加准确地模拟和分析建筑物的能耗情况,为住宅绿色装饰提供科学依据。

成果评估是绿色建筑领域的重要环节,需要通过实测数据和模拟分析来评估装饰设计方案的实际效果。通过对住宅绿色装饰案例的评估分析,可以发现其在节能、环保、舒适性等方面的优势和不足,为绿色装饰设计提供经验借鉴。BIM技术的应用可以帮助设计师快速建立建筑模型、进行模拟分析,为成果评估提供科学依据。

节能效果是住宅绿色装饰的重要指标之一,通过采用高效节能材料和技术,可以有效降低建筑能耗并减少碳排放。在住宅绿色装饰案例研究中,通过对比测试和模拟分析,可以评估不同装饰设计方案的节能效果,并寻找最优方案。BIM技术的运用可以帮助设计师实时监测建筑能耗情况,及时调整装饰设计方案,提高节能效果。

在绿色建筑领域,节能效果一直被认为是评估装饰设计方案成功与否的重要标准之一。采用高效节能材料和技术是实现节能的关键,而在实际的绿色装饰案例中,我们可以看到一些显著的节能效果。通过比较不同设计方案的实际测试数据和模拟分析结果,我们可以清晰地了解到,一些巧妙的设计和材料选择可以显著减少建筑的能耗,并减少对环境的影响。

在绿色建筑装饰设计中,有些创新的装饰材料可以在节能方面发挥重要作用。例如,一些具有保温性能的新型材料可以有效地降低建筑在冬季供暖时的能耗,而在夏季则可以减少空调的使用频率。一些具有光学性能的材料可以有效地利用自然光线,减少对人工照明的需求,进一步节约能源。

除了材料的选择，设计方案的合理布局和结构也是实现节能的关键。在绿色建筑装饰设计中，通过合理设置隔热层、选择适当的窗户朝向和大小，可以最大限度地利用自然资源，减少能源消耗。同时，合理设计建筑的通风系统、采光系统，可以有效地降低室内能耗，提高居住舒适度。

总的来说，通过综合运用高效节能材料和技术，合理设计装饰方案，结合实测数据和模拟分析，我们可以实现绿色建筑装饰设计的节能目标，为可持续发展做出积极贡献。在未来的绿色建筑设计中，我们需要不断探索创新，寻找更加有效的节能解决方案，为建筑行业的可持续发展开辟新的道路。

(二) 室内空气质量

室内空气质量是绿色装饰中一个长期存在的问题。随着人们对健康意识的提高，人们对室内空气质量的要求也越来越高。然而，在实际的装饰过程中，仍然存在着一些难以解决的问题。

装饰材料的选择是一个关键问题。很多装饰材料中含有害物质，如甲醛、苯系物等，这些物质会释放到室内空气中，对人体健康造成危害。尤其是在封闭空间内，这些有害物质的浓度会更高，对居住者的健康构成威胁。

室内通风系统的设计和使用也是一个影响室内空气质量的关键因素。在一些绿色装饰中，为了追求节能和环保，通风系统被设计成密封式的，导致室内空气无法及时更新，污染物无法有效排除。这使得室内空气中的有害物质浓度升高，进而影响居住者的健康。

室内空气质量问题还会受到建筑结构和环境影响。一些建筑结构设计不合理、采光不足或者地理环境复杂的地区，都会影响室内空气的流通和质量，增加有害物质的浓度。

室内空气质量问题不仅对人体健康造成影响，也会影响整个环境的生态平衡。有害物质的释放会导致室内环境污染，进而影响建筑物周围的空气质量。这种污染不仅会影响人类的健康，也会危害周围的植物和动物。

因此，绿色装饰中的室内空气质量问题需要引起我们的重视。只有解决了这些问题，才能真正实现绿色装饰的目标，保障人们的健康和环境的可持续发展。通过对绿色装饰案例的深入研究和评估，结合BIM技术的应用，我们有望找到更有效的解决方案，让绿色装饰真正成为人类和地球健康共同发展的标志。

在绿色装饰中，室内空气质量问题的重要性不可低估。当建筑结构设计不合理、采光不足或者地理环境复杂时，室内空气的流通和质量会受到直接影响，有害物质的浓度也会增加。因此，我们必须认真对待这一问题，并采取有效的措施来改善室内空气质量。只有通过全面考虑建筑结构、采光设计以及地理环境等因素，才能真正实现绿色装饰的目标。同时，室内空气质量问题不仅影响人体健康，还会对整个生态环境造成影响。有害物质的释放会导致室内环境污染，从而影响周围空气的质量，进而危害周围的生物。因此，我们应该倡导并实践绿色装饰理念，关注室内空气质量，确保人类和周围环境的健康和可持续发展。通过不断研究和评估绿色装饰案例，结合BIM技术的应用，我们有望找到更加切实有效的解决方案，为绿色装饰事业的发展贡献力量。只有在不断努力和探索中，绿色装饰才能真正成为人类和地球健康共同发展的象征和标志。

(三) 绿色装饰成本分析

绿色装饰相较于传统装饰在成本上是否存在巨大差异一直是业界关注的焦点。通过对多个典型绿色装饰案例的研究及BIM技术的应用，我们可以初步探讨这一问题。

在对住宅绿色装饰的案例研究中发现，绿色装饰所需要的材料通常会比传统装饰更贵。例如，使用环保材料、节能设备以及实施水电分表等绿色装饰措施都会增加成本。尽管这些额外的费用会在一定程度上造成成本压力，但从长远来看，这些措施可以为业主带来更低的使用成本，并且对环境也更加友好。因此，绿色装饰的成本可能需要在前期投入较多的资金，但可以在后期获得更多的回报。

除了材料和设备成本外，绿色装饰还需要更多的人力成本。因为绿色装饰通常涉及到更多的细节和工程技术，所以需要更专业的团队来设计和施工。这也会导致成本的增加，但同时也提高了工程的质量和可持续性。

从BIM技术的角度来看，绿色装饰的成本分析可以更加准确和全面。通过BIM技术，可以实现对建筑结构、设备配置、材料选择等方面的数字化建模和模拟，从而更好地了解每一个环节的成本分布。这种精细化的成本分析可以帮助业主和设计团队更好地控制成本，找到成本节约的潜力所在。

总的来说，绿色装饰相较于传统装饰的成本情况确实存在一定的差异。尽管前期投入较多，但绿色装饰所带来的环境效益和经济回报应当不容忽视。通过对绿色装饰成本的深入分析和研究，可以更好地发现成本压力所在，并为未来的绿色装饰项目提供更有效的成本控制和节约路径。BIM技术在这一过程中的应用也将为绿色装饰带来更多的创新和发展空间。

从BIM技术的角度来看，绿色装饰的成本分析可以更加精准和全面。BIM技术的数字化建模和模拟让我们可以更好地了解每个环节的成本分布，从而提高成本控制的准确性。通过精细化的成本分析，业主和设计团队可以更好地找到成本节约的潜力所在。

绿色装饰相对于传统装饰来说，确实在成本上存在一定的差异。虽然绿色装饰的前期投入要更多一些，但其带来的环境效益和经济回报是值得考虑的。通过深入研究绿色装饰的成本情况，我们可以更好地发现成本压力的来源，并为未来的绿色装饰项目提供更有效的成本控制路径。

在这个过程中，BIM 技术的应用将会为绿色装饰带来更多的创新和发展空间。通过 BIM 技术的支持，我们可以更好地优化设计方案，提高装饰材料的利用率，降低施工成本，从而实现绿色装饰的可持续发展。综合考虑成本和效益，绿色装饰项目将会为我们的生活环境带来更多的优质、可持续的建筑作品，推动整个建筑行业朝着更加环保、高效的方向发展。

四、案例启示

(一) BIM 技术在住宅绿色装饰中的应用前景

案例研究是探讨 BIM 技术在住宅绿色装饰中的实际应用的重要途径之一。通过对一些典型绿色装饰案例的研究，可以发现 BIM 技术在这一领域的潜力和优势。

通过案例研究可以发现，BIM 技术在住宅绿色装饰中的应用可以提高设计效率和精度。传统的设计方法往需要进行大量的手工绘图和计算，容易出现错误和不一致之处。而 BIM 技术可以将建筑设计、结构设计、设备设计等不同专业领域的数据整合到一个模型中，实现全面协同设计。设计人员可以通过 BIM 模型进行实时协作，提高设计效率和准确性。

案例研究也表明，BIM 技术可以帮助设计人员更好地评估绿色装饰方案的可行性和效果。在 BIM 模型中，可以模拟不同绿色装饰方案的效果，并通过能耗模拟、光照分析、热舒适度评估等工具对方案进行评估。这样设计人员可以更好地了解各种绿色装饰方案的优缺点，从而选择最适合的方案。

案例研究还展示了 BIM 技术在住宅绿色装饰中的可视化效果。通过 BIM 模型，设计人员可以将绿色装饰方案呈现给业主、设计团队和施工方，实现全方位的沟通和协作。业主可以通过虚拟现实技术体验装修效果，设计团队可以实时调整方案，施工方可以准确理解设计意图，从而减少误解和改动，提高工程质量。

BIM 技术在住宅绿色装饰中的应用具有广阔的前景和巨大的优势。通过案例研究，可以深入了解 BIM 技术在绿色装饰领域的价值和潜力，为绿色建筑的发展提供支持和推动。希望未来能够有更多的实际应用案例，进一步探索 BIM 技术在住宅绿色装饰中的创新研究，为绿色建筑事业做出更大的贡献。

通过BIM技术在住宅绿色装饰中的实际应用，可以更加直观地展示设计方案的效果，提高业主、设计团队和施工方之间的沟通效率。设计团队可以根据BIM模型进行实时的修改和优化，确保装饰方案符合绿色环保理念。而施工方可以通过BIM模型准确理解设计意图，并按照要求高效完成施工程，减少改动和损耗的发生。BIM技术的应用还能够为绿色建筑提供可持续发展的支持，推动绿色装饰行业的不断创新与提升。未来，随着科技的不断进步和应用范围的扩大，相信BIM技术在住宅绿色装饰领域将发挥更加重要的作用，为建筑行业的可持续发展注入新的活力和动力。让我们期待BIM技术在未来的探索和创新中，为绿色建筑事业带来更加美好的明天。

（二）可持续发展思考

绿色装饰作为建筑行业的一个重要领域，受到了越来越多人的关注和重视。在当前社会对环境保护和可持续发展的呼吁下，绿色装饰不仅是一种潮流，更是一种责任和使命。因此，如何通过创新的方式将BIM技术应用于绿色装饰中，成为了一个备受关注的课题。

随着科技的不断进步，BIM技术已经在建筑行业取得了广泛的应用，其为设计师、施工方、业主等相关人员提供了一个更高效、更便捷的工作平台。在绿色装饰领域，BIM技术的应用也许可以通过优化材料利用、节能减排和环境保护等方面来实现可持续发展目标。

然而，目前在绿色装饰中BIM技术的应用还比较有限，存在着一些挑战和困难。建筑行业中对于绿色装饰的认知程度有待提高，很多人仍然将其视为一种奢侈品或者只是提高建筑价值的手段，因此对于其重要性和必要性认识不足。BIM技术在绿色装饰中的应用需要建筑设计师、工程师等相关人员有一定的技术背景和专业知识，而目前这方面的培训和教育存在一定的不足。

未来，我们可以探讨如何通过教育培训、行业标准的制定以及政策的支持等方式来促进BIM技术在绿色装饰领域的应用。同时，也可以结合实际案例与实践经验，探讨BIM技术在绿色装饰中的具体应用场景，并不断改进和完善技术和流程，以满足绿色装饰的需求。还可以通过跨学科合作和信息共享等方式，推动BIM技术在绿色装饰领域的创新与发展。

总的来说，BIM技术在绿色装饰中的创新研究具有重要意义，可以为推动可持续发展目标的实现提供技术支持和理论指导。然而，在实际应用中仍然需要我们共同努力，克服困难和挑战，不断探索和创新，为建筑行业的可持续发展做出更大贡献。希望未来能够看到更多关于BIM技术在绿色装饰中的创新研究成果，为建筑行业的发展注入新的活力和动力。

在促进BIM技术在绿色装饰领域的应用上，标准的制定和政策的支持是至关重要的。通过跨学科合作和信息共享，我们可以不断创新和完善技术和流程，以满足绿色装饰的需求。实践经验表明，BIM技术在设计、施工和维护阶段都能够提高效率和减少资源浪费。例如，在绿色建筑项目中，BIM技术可以帮助设计师精准计算能源消耗和减排方案，提升整体能效，实现绿色环保目标。

除了在设计阶段的应用，BIM技术还可以在施工过程中提高工程质量和效率。通过虚拟建模和协同设计，可以有效减少现场改动和人为错误，提高施工进度和安全性。同时，在装饰施工中，BIM技术还可以帮助设计师选择可持续材料和方案，降低环境影响和资源浪费。

不仅如此，BIM技术还可以在建筑维护和运营阶段提供全面数据支持，实现建筑设备的智能化管理和预测性维护。通过实时监控和数据分析，可以及时发现问题并采取措施，延长建筑设备的使用寿命，减少维修成本，实现可持续运营的目标。

总的来说，BIM技术在绿色装饰领域的应用已经初见成效，但仍需要不断创新和改进，共同努力推动可持续发展目标的实现。希望未来能够看到更多关于BIM技术在绿色装饰中的成功案例和创新研究，为建筑行业的可持续发展注入新的活力和动力。

第二节　商业建筑绿色装饰案例研究

一、建筑概况

(一) 商业建筑类型

商业建筑作为城市中的经济发展和商业活动的重要载体，其建筑类型多样，包括写字楼、购物中心、酒店、餐饮等。商业建筑通常具有较大的使用面积和人流量，对于绿色装饰的需求和挑战也与其他建筑类型有所不同。

商业建筑的功能性要求较高，对于装饰材料的选择和设计方案的实现有着更为严格的要求。商业建筑通常需要考虑到商业活动的特点，如购物中心需要吸引人流量和提升顾客体验，酒店需要打造独特的品牌形象，写字楼需提升办公效率和员工舒适度等。因此，绿色装饰在商业建筑中需要更加注重材料的环保性、设计方案的创新性和功能性。

商业建筑通常需要考虑到经济效益和市场竞争，对于绿色装饰的投资回报率和市场认可度也会成为考量因素。尽管绿色装饰可以提升建筑的环保性和体验感，但其成本和施工周期可能会较传统装饰方式略高,需要在经济可持续性和市场竞争力之间达到平衡。

在面对这些需求和挑战的同时,商业建筑绿色装饰的创新研究也在不断进行中。BIM 技术作为建筑信息化的重要工具,为商业建筑绿色装饰提供了新的可能性。通过 BIM 技术,设计师可以更加直观地呈现绿色装饰的效果和实施过程,与客户和施工方进行更加深入的沟通与协作。同时,BIM 技术还可以实现装饰材料、设备和施工过程的数字化管理,提升装饰效率和质量。

近年来,不少商业建筑绿色装饰案例也在实践中得到了成功应用。一些购物中心引入了更多的绿色植物和自然光线,提升了顾客的购物体验和健康感受;一些高端写字楼采用了节能材料和智能系统,提升了办公环境的舒适度和工作效率;一些酒店打造了独特的环保主题,提升了品牌形象和宾客满意度。

总的来说,商业建筑在绿色装饰方面的需求和挑战与日俱增,而 BIM 技术的应用则为其带来了更多创新机遇。未来,随着绿色装饰理念的深入人心和 BIM 技术的不断发展,商业建筑绿色装饰必将迎来更加美好的发展前景。

商业建筑绿色装饰的发展不仅关乎建筑本身的美观和功能,更涉及到环境保护和可持续发展的重要课题。在这一背景下,越来越多的商业地产开发商和设计机构开始将绿色装饰纳入到他们的发展战略中,致力于打造更加环保、宜居的商业空间。

除了传统的绿色植物和节能系统,商业建筑绿色装饰还可以通过引入智能化技术来提升用户体验。例如,一些商业综合体开始利用智能照明系统和空调系统,实现能源的智能调度和管理,从而减少能耗,降低运营成本。同时,通过引入智能化设备,商业建筑可以实现智能门禁、智能停车等功能,为用户提供更加便捷、安全的服务。

商业建筑绿色装饰还可以与文化、艺术相结合,打造具有独特文化底蕴和艺术魅力的商业空间。一些商业建筑引入了当地艺术家的作品,为商业空间增添了一份艺术气息;一些商业综合体举办各种文化活动,吸引了更多的文化爱好者和消费者。

总的来说,商业建筑绿色装饰的发展是一个综合性的过程,需要各方的共同努力和协作。只有在不断探索创新的道路上,商业建筑绿色装饰才能实现可持续发展,为人们创造更加美好、健康的生活环境。

(二)设计概念

商业建筑绿色装饰案例研究中,设计理念和原则至关重要。绿色装饰设计的核心是要通过科学合理的设计方案,在保证建筑功能和美观性的前提下,最大程度地实现资源的节约和环境的保护。在实际施工中,绿色装饰的设计理念和原则是否切实可行，是设计师和施工方需要共同考虑的问题。

具体来说，商业建筑绿色装饰的设计理念主要包括以下几个方面：首先是节能环保，采用可再生资源和绿色环保材料，减少对环境的污染。其次是提高室内环境质量，保证人员在建筑内部的舒适度和健康性。另外还包括降低建筑运行成本，通过节能装饰材料和技术手段，减少建筑的能源消耗和维护成本等。

在商业建筑绿色装饰的设计原则方面，需要充分考虑建筑的位置、气候特点和周围环境，遵循可持续发展的原则，确保设计方案在绿色环保和经济实用之间取得平衡。同时，还需要注重装饰材料的选择，尽量减少甲醛等有害物质的使用，保证室内空气质量达标。设计中还应考虑到装饰材料的可靠性和耐用性，确保建筑装饰长久使用而不失美观。

商业建筑绿色装饰的设计理念和原则与实际施工的契合度和可行性有赖于设计师和施工方的密切合作。BIM技术作为一种集成的设计和施工方法，可以有效提高设计方案的精确度和可行性。通过BIM技术，设计师可以详细呈现装饰设计方案的各个细节，包括材料选择、施工艺等，与施工方进行沟通和协作，确保设计方案的实施顺利进行。

BIM技术还可以帮助设计师和施工方在建筑装饰施工过程中进行实时监管和控制，及时发现和解决问题，确保设计方案的质量和安全性。通过BIM技术，设计师和施工方可以在施工前模拟装饰设计的效果，避免设计漏洞和施工误差，提高绿色装饰设计的效率和质量。

在商业建筑绿色装饰设计中，设计概念的落实需要考虑到材料选择、施工艺等方面的细节。只有与施工方进行充分沟通和协作，才能确保设计方案的顺利实施。BIM技术在这一过程中扮演着重要的角色，它可以帮助设计师和施工方实时监管和控制装饰施工过程，及时发现和解决问题。通过BIM技术，设计师和施工方可以在施工前模拟装饰设计效果，从而避免设计漏洞和施工误差，提高绿色装饰设计的效率和质量。

设计师和施工方的紧密合作和沟通是绿色装饰设计的关键。他们应当共同探索绿色装饰的创新研究，并通过不断的实践和试验，为建筑行业的可持续发展做出积极贡献。只有通过双方的密切协作和有效沟通，设计概念才能真正转化为实际的施工行动，从而推动绿色装饰设计的发展进程。

总的来说，商业建筑绿色装饰设计的成功落实离不开设计师和施工方之间的紧密合作和BIM技术的支持。通过共同努力，他们可以提高设计方案的精确度和施工质量，为绿色装饰设计的不断创新和完善奠定基础。希望设计师和施工方能够携手并进，为建筑行业的可持续发展贡献自己的力量。

(三)绿色装饰方案

在商业建筑绿色装饰中,设计方案必须考虑到建筑的功能性和美学性,同时还需要注重环保和可持续性。针对这一需求,一些创新性的绿色装饰方案被提出并得到了广泛应用。

商业建筑绿色装饰方案需要考虑材料的选择。传统装饰材料中存在着大量的有害物质,对人体健康和环境造成危害。因此,选用无挥发性有机溶剂的环保材料成为了一种绿色装饰的选择。这种材料不仅保证了室内空气质量,还能减少对大气环境的污染,体现了绿色环保理念。

商业建筑绿色装饰方案还要考虑节能减排。通过利用 BIM 技术对建筑进行全面建模,可以在设计阶段就进行能耗模拟和优化,使得建筑在施工完成后能够实现最佳的节能效果。透过 BIM 技术,设计师能够实时监测建筑的能耗情况,及时发现问题并进行修正,从而在实际运营中减少能源消耗、降低运营成本。

商业建筑绿色装饰方案还可以结合自然元素设计,打造绿色生态环境。例如,利用自然光线进行室内设计,减少对人工照明的依赖;设置绿植墙或绿化天台,提高空气质量;引入雨水收集系统,用于灌溉绿化植物等。通过这些自然元素的应用,不仅可以改善建筑环境,还能提升人们的工作与生活质量。

总的来说,商业建筑绿色装饰方案应该是一个综合考虑各个方面因素的设计方案。它不仅要注重实用性和美观性,更要关注环保和可持续性。通过不断创新和技术应用,商业建筑绿色装饰可以更好地满足现代人们对于室内生活环境的需求,推动建筑行业朝着绿色可持续方向发展。BIM 技术的应用将为商业建筑绿色装饰带来更多可能性和前景,值得进一步研究和探讨。

商业建筑绿色装饰方案的设计理念是将环保、可持续和美观融为一体。除了结合自然元素进行设计外,还可以考虑采用可再生材料来装饰商业建筑。例如,可以利用竹木等天然材料进行装修,减少对大量木材和其他非可再生材料的使用。同时,还可以引入节能设备,如太阳能板、地源热泵等,来提高建筑的能源利用效率,降低对传统能源的依赖。通过合理布局空间,优化通风和采光设计,达到节能减排的效果。商业建筑绿色装饰方案的实施不仅可以改善建筑环境,还可以提升员工的工作效率和生产力。现代社会对建筑环境的要求越来越高,因此商业建筑绿色装饰方案的研究和应用具有重要意义。未来,随着科技的不断发展和创新,商业建筑绿色装饰方案将会不断完善和深化,为建筑行业的可持续发展贡献更多力量。BIM 技术的广泛应用不仅可以帮助设计者更好地规划和设计绿色装饰方案,还能为建筑运行和维护提供更多数据支持,推动建筑行业朝着绿色、智能化的方向前进。通过不断的研究和实践，商业建筑绿色装饰方案将会成为未来建筑发展的主流趋势，为人们创造更加宜居、宜业的工作和生活环境。

二、绿色装饰施工

(一) 施工过程

施工过程中，最关键的环节是确保绿色装饰材料的选择和使用符合环保标准，以减少对环境的负面影响。同时，施工人员需要具备专业技能，确保施工过程顺利进行，避免浪费资源和材料。施工现场的管理和监督也很重要，以保证绿色装饰施工符合相关法规和标准。在施工结束后，需要进行一次全面的检查和评估，以确保绿色装饰的效果和质量达到预期目标。通过完善的施工过程管理，可以最大程度地发挥绿色装饰的环保效益，为建筑行业的可持续发展贡献力量。

在施工过程中，施工人员需要严格执行环保标准，选择符合环保要求的绿色装饰材料，并且确保合理使用资源，避免浪费。同时，施工现场的管理和监督也至关重要，需要保证施工过程符合相关法规和标准。施工人员应该具备专业技能，确保施工过程顺利进行，同时加强对环保知识的学习和了解，以应对可能出现的环境问题。

在施工结束后，必须进行全面的检查和评估，确保绿色装饰的效果和质量能够达到预期目标。通过全面完善的施工过程管理，能够最大程度地发挥绿色装饰的环保效益，并为建筑行业的可持续发展作出贡献。同时，施工过程中需注重团队协作和沟通，确保各方之间的合作和理解，以达到绿色装饰的最佳效果。

在实施工过程中，还应该注重对风险的预防和应对措施，避免发生环境污染和资源浪费等不良后果。只有在施工过程中严格遵守相关规定和标准，才能确保绿色装饰的实施达到预期效果，为环保事业和建筑行业的可持续发展贡献一份力量。

(二) 碳中和措施

碳中和措施是指采取一系列措施，通过减少温室气体排放和增加吸收来抵消对环境的不利影响。在绿色装饰施工中，碳中和措施是非常重要的一环，可以有效改善环境质量，减少能源消耗，降低碳排放。采用碳中和措施可以为建筑行业的可持续发展提供有力支持。在现代社会，碳中和措施已经成为一种必不可少的环保理念，也成为企业建设可持续发展的重要标志之一。通过采用科学有效的碳中和措施，可以推动相关行业的发展，促进节能减排工作的开展，实现绿色施工的理念，为社会和环境做出更大的贡献。

碳中和措施的重要性在于可以有效地降低对环境的不利影响，为建筑行业的可持续发展提供有力支持。在绿色装饰施工过程中，通过采取一系列减少温室气体排放和增加吸收的措施，可以显著改善环境质量，减少能源消耗，降低碳排放。碳中和措施不仅是一种环保理念，更是企业建设可持续发展的重要标志。在当今社会，推动节能减排工作、实现绿色施工理念已经成为各行各业的共同目标。采用科学有效的碳中和措施，可以促进产业升级，加快技术创新，推动绿色发展模式的建设。通过不断深化碳中和措施的实施，运用新技术、新理念，可以在经济发展的同时保护环境，实现资源的可持续利用。碳中和措施的发展不仅能为社会提供更多的发展机遇，也为保护生态环境、改善人居环境提供了有效途径。在未来的发展中，碳中和措施将继续发挥着重要作用，为构建美丽中国、推动经济社会的可持续发展而不懈努力。

（三）水资源利用

水资源是珍贵的自然资源，对于绿色装饰而言尤为重要。在绿色装饰施工过程中，有效地利用水资源是一个关键的环节。通过合理规划和设计，可以最大限度地减少水资源的浪费，实现可持续发展的目标。在实际工程中，我们可以采用一系列措施来节约水资源的使用，例如选择节水设备、建立污水处理系统、收集雨水等。通过这些措施的应用，可以有效地减少水资源的消耗，同时降低施工过程中对环境的影响。因此，在绿色装饰领域，水资源的合理利用至关重要，需要我们不断探索创新，寻找更加可持续的解决方案。

在水资源利用方面，需要我们不断进行研究和实践，以找到更加有效的方法来实现可持续的发展。除了选择节水设备和建立污水处理系统外，还可以探索其他途径来降低水资源的消耗。例如，可以通过加强管理和监控来减少浪费，促进水资源的循环利用。同时，可以利用先进的技术手段，如利用生态湿地等自然系统来净化水质，降低污染物对水资源的影响。还可以采取更多的节水措施，例如限制施工场地周围的喷洒水源，推广雨水收集利用等方式，来最大限度地节约水资源的使用。在整个绿色装饰领域中，水资源的合理利用是一项重要挑战，需要我们共同努力，不断探索创新，为建设一个更加环保、可持续的生态环境贡献自己的力量。只有在水资源利用方面做到了最大限度的节约和合理利用，才能更好地保护我们的地球家园，实现可持续发展的目标。

（四）废弃物处理

废弃物处理是指在项目施工和装修过程中产生的各种废弃物的处理和处置过

程。对于绿色装饰项目来说，废弃物处理是非常重要的环节。在绿色装饰项目中，废弃物处理的工作要符合环保要求，尽量减少对环境的影响。同时，废弃物的处理过程也要科学合理，避免对人体健康造成影响。在绿色装饰施工中，废弃物处理涉及的范围较广，需要综合考虑各个环节的废弃物排放情况，制定相应的废弃物处理方案。在废弃物处理过程中，要注重资源化利用，对可回收的废弃物进行分类处理，最大程度地减少废弃物对环境的污染。同时，废弃物处理的过程也要符合相关法律法规的规定，确保施工过程的合法合规。在绿色装饰项目中，废弃物处理的工作需要施工单位和相关部门的密切配合，共同努力，保障废弃物的安全处理和处置。

在绿色装饰项目中，废弃物处理不仅是一项简单的工作，更是对环境保护和人类健康的责任。在处理废弃物时，应当注重资源的再利用和回收，并采取相应的措施避免造成环境污染。在制定废弃物处理方案时，需要充分考虑各种废弃物的特性和来源，以确保废物处理的全面性和有效性。

在废弃物处理的过程中，施工单位需要对废弃物的种类进行分类和分拣，通过科学的方法将可回收和有害的废弃物进行分离处理。同时，应当严格遵守相关法律法规的规定，确保废弃物处理的工作符合环保要求。承担废弃物处理责任的单位应当加强对废弃物的监测和管理，确保废弃物的处置过程符合规定，并及时采取有效措施处理可能对环境和人类健康造成的风险。

在废弃物处理过程中，需要与相关部门进行密切合作，共同制定完善的废弃物处理方案和措施，确保废弃物得到安全处理和处置。同时，应当注重对废弃物处理过程的监督和评估，及时发现和解决可能存在的问题，不断提高废弃物处理工作的水平和效率。通过不懈努力和全力配合，我们可以更好地保护环境，促进可持续发展，为建设绿色家园贡献自己的力量。

（五）BIM 技术的应用

BIM 技术的应用可以极大地提升绿色装饰的效率和质量。通过 BIM 技术，设计师可以在虚拟环境中模拟和优化绿色装饰方案，有效减少了设计错误和低效率造成的浪费。施工团队也可以通过 BIM 技术进行数字化建模和协调，提前发现并解决施工过程中可能出现的问题，从而降低了施工成本和时间。BIM 技术还可以帮助监理人员进行现场监督和管理，保证绿色装饰工程符合相关标准和要求。总的来说，BIM 技术的应用为绿色装饰行业带来了新的机遇和挑战，促使行业向着数字化、智能化的方向发展。

BIM 技术的应用不仅可以提升绿色装饰的效率和质量，还在很大程度上改变了整个装饰行业的工作方式。通过 BIM 技术，相关人员可以随时随地进行实时协作和沟通，极大地提高了信息传递的效率。设计师可以利用 BIM 技术进行全方位的设计方案展示和模拟，客户可以更加直观地了解装饰效果，提前参与决策过程。施工团队在使用 BIM 技术进行施工过程中的数字化建模和协调时，不仅能够提前发现问题，还能够精确控制材料的使用量，降低浪费。监理人员可以通过 BIM 技术进行现场监督和管理，实时掌握施工情况，确保工程质量符合标准。随着 BIM 技术的不断完善和普及，绿色装饰行业将迎来更多的机遇和挑战。数字化、智能化的发展方向将推动整个行业朝着更高效、更可持续的方向发展。同时，随着 BIM 技术的应用，绿色装饰行业也将面临更多的技术更新和人才培养的需求，需要行业相关人员不断学习和适应新技术的发展。总的来说，BIM 技术的应用不仅改变了绿色装饰行业的工作方式，还为行业的发展带来了无限的可能性。

三、绿色装饰效果

（一）能效果

绿色装饰效果方面，通过典型的住宅和商业建筑案例研究可以看出，采用绿色装饰材料和技术可以有效改善室内空气质量，提升居住和工作环境的舒适度。同时，绿色装饰还可以减少室内挥发性有机化合物的释放，降低对居民和员工身体健康的影响，有利于保护环境和可持续发展。

在节能效果方面，绿色装饰的应用可以降低建筑能耗，减少对自然资源的消耗，通过有效利用自然光和自然通风等手段，减少建筑内部人工能源消耗。采用节能型材料和设备，有效控制建筑的能源消耗，实现能耗的最优化管理。通过 BIM 技术的应用，可以实现对建筑节能性能的精确评估和优化设计，提高建筑的节能效果和环境友好性。

在绿色装饰方面，建筑行业一直在不断探索创新。除了提升室内空气质量和降低对人体健康的影响外，绿色装饰还能为建筑带来更多的美观和舒适。在设计中融入绿色植物墙面、自然材料和可再生资源，不仅可以增加建筑的绿色元素，还能为居民和员工带来更加愉悦的视觉享受。

绿色装饰在空间利用和布局方面也能发挥重要作用。通过合理设计和布置，可以最大限度地提高建筑空间的利用率，实现功能的最优化，同时还能有效减少建筑面积和占地面积，降低建筑物的整体造价和能源消耗。

在绿色建筑的理念中，节能效果一直被重视。除了减少建筑能耗和资源浪费外，绿色装饰还能通过建筑外墙、屋顶和地板等部位的保温设计和材料选择，实现建筑的有效隔热和节能。同时，结合先进的智能控制系统和节能设备，可以实现建筑的能源管理和调控，为建筑提供更加智能、节能的操作环境。

在绿色装饰效果方面，不仅可以改善室内环境质量和人体健康，还能提高建筑美感和空间利用率。而在节能效果方面，绿色装饰的应用不仅能降低建筑能耗，还能为建筑带来更加智能和环保的运行方式，实现建筑节能环保的理想目标。

(二) 环境影响评估

环境影响评估是指对装饰材料、施工过程及使用后的建筑环境对环境造成的影响进行全面的评估和分析。这包括了材料的环境友好性、室内空气质量、建筑耗能等因素的评估和监测，以确保建筑装饰在提供美观舒适环境的同时，不会对环境造成负面影响。通过环境影响评估可以更好地指导绿色装饰设计和施工过程，并在建筑物的整个生命周期中降低环境影响，实现可持续发展的目标。

环境影响评估是建筑装饰领域中至关重要的一环。在当前环境保护意识不断提升的背景下，人们对建筑环境的要求也越来越高。环境影响评估不仅关乎建筑物使用者的舒适感和健康，更重要的是关乎整个社会对环境保护的责任与担当。

在进行环境影响评估时，首先需要考虑装饰材料的环境友好性。选择符合环保标准的装饰材料，避免使用含有害物质的材料，是确保建筑装饰不对环境造成负面影响的关键一步。需要对室内空气质量进行全面评估和监测。优质的室内空气对于居住者的健康至关重要，而建筑装饰中使用的材料和施工艺将直接影响到室内空气的质量。

建筑耗能也是环境影响评估中不可忽视的因素。通过科学的设计和施工艺，可以有效地减少建筑物在使用阶段的能源消耗，从而降低对环境的影响。绿色装饰设计和施工过程不仅可以提升建筑物的环境品质，更可以实现能源的节约和环境的保护。在建筑物的整个生命周期中，环境影响评估的成果将指导我们更好地实现可持续发展的目标。

因此，环境影响评估是建筑装饰领域中的一项必备工作，它不仅可以保障建筑物使用者的健康与舒适，更可以推动整个社会迈向可持续发展的目标。只有在对环境影响有所认识和关注的前提下，我们才能打造出更加美观、舒适且环保的建筑环境。

(三) 用户满意度调查

用户满意度调查是评估和了解用户对特定产品或服务满意程度的一种方法。通过用户满意度调查，可以获取用户的反馈意见和建议，帮助企业或机构更好地了解用户需求，优化产品或服务，提升用户体验，并最终提高用户忠诚度。在绿色装饰领域，用户满意度调查也起着至关重要的作用。通过对用户进行满意度调查，可以实时了解用户对绿色装饰效果的感受和评价，发现问题和不足之处，并及时进行改进和优化。同时，用户满意度调查也可以帮助设计师和装饰企业更好地把握用户需求，提供更贴心和符合用户口味的绿色装饰方案，从而实现用户与企业的双赢局面。在未来的绿色装饰实践中，用户满意度调查将会越来越受重视，成为评估绿色装饰效果和质量的重要手段。

用户满意度调查是企业或机构了解用户需求的重要途径，在绿色装饰领域尤为重要。通过对用户进行满意度调查，设计师和装饰企业可以更好地把握用户需求和喜好，提供更符合用户口味的绿色装饰方案。用户满意度调查不仅可以帮助发现问题和不足之处，及时进行改进和优化，还可以提升绿色装饰的整体质量和用户体验。通过用户满意度调查，装饰企业可以建立起与用户之间的良好沟通机制，实现用户与企业的双赢局面。未来在绿色装饰实践中，用户满意度调查将成为评估绿色装饰效果和质量的重要手段。企业或机构可以通过不断实施用户满意度调查，不断提升自身的服务水平和产品质量，赢得更多用户的信赖和忠诚。用户满意度调查的结果将成为企业改进和优化的重要依据，为绿色装饰领域的顺利发展提供有力支撑。

（四）成本效益分析

成本效益分析：在绿色装饰领域，成本效益分析是至关重要的一环。通过对装饰材料、施工艺、维护成本等方面进行全面的成本分析，可以帮助决策者更好地把握项目的经济效益。同时，成本效益分析也能够为绿色装饰项目的可持续发展提供重要参考依据。通过合理的成本控制和优化，不仅可以降低装饰项目的整体成本，更可以提升其经济效益和竞争力，实现绿色装饰与经济效益的双赢局面。

成本效益分析不仅是一个简单的数学计算，更是对一个项目整体经济效益的全面评估。在绿色装饰领域，成本效益分析的重要性不容忽视。通过对装饰材料、施工艺、维护成本等方面进行深入分析，可以帮助决策者更准确地评估项目的盈利能力和潜在风险。合理的成本控制和优化不仅可以降低项目整体成本，还可以提升其经济效益和竞争力。

成本效益分析对于绿色装饰项目的可持续发展起着至关重要的作用。通过降低材料成本、提高施工效率、减少维护费用等方式，可以有效地延长项目的使用寿命，提高其资源利用效率。这种可持续发展的理念不仅符合当今社会对环保和节能的迫切需求，更能为企业带来长期的经济利益和社会价值。

同时，成本效益分析也是实现绿色装饰与经济效益双赢的重要手段。通过深入分析装饰项目的各项成本，找出节约成本、提高效益的潜在空间，可以更好地平衡绿色环保和经济效益之间的关系。只有在不断优化成本的基础上，装饰项目才能实现可持续发展，取得长期的市场竞争优势。

因此，成本效益分析不仅是一个简单的经济模型，更是对一个装饰项目整体规划和管理的全面考量。只有在理性分析成本的基础上，企业才能更好地把握市场需求，实现经济效益和社会效益的双丰收。期待通过成本效益分析，绿色装饰项目可以在未来的发展中取得更大的成功和成就。

第三节　公共空间绿色装饰案例研究

一、公园景观改造

(一) 设计构想

设计构想：通过典型的绿色装饰案例研究及BIM技术应用，可以看到在住宅、商业建筑和公共空间中，绿色装饰所起到的重要作用。在住宅绿色装饰案例研究中，我们可以发现案例所带来的启示，对于商业建筑和公共空间的绿色装饰效果也是非常显著的。通过公园景观改造，设计构想得以实现，为未来绿色环保做出贡献。

绿色装饰在建筑设计中扮演着至关重要的角色，它不仅可以提升空间的美感，还能够起到环保节能的作用。通过典型的绿色装饰案例研究和BIM技术应用，我们可以看到在住宅、商业建筑和公共空间中的重要性。在住宅绿色装饰案例研究中，我们不仅可以获得设计灵感，还能了解到如何将绿色元素融入到建筑中。这些案例所展现的绿色理念和实施效果，对于商业建筑和公共空间的设计也有着积极的启示作用。

特别是在公共空间的改造中，绿色装饰不仅可以美化环境，还能够提升人们的生活品质。通过公园景观改造，设计构想得以实现，不仅为城市增添了一道独特的风景线，还能为居民提供一个休闲健身的场所。绿色环保已经成为当代社会的重要主题，而绿色装饰作为其中的一种实践方式，更是引领着建筑设计的未来发展方向。

未来，随着科技的不断发展和创新，绿色装饰将会有更广阔的应用空间和更多的可持续性设计理念。我们应该不断探索绿色装饰的潜力，将其运用到更多的建筑项目中，为城市的可持续发展做出更大的贡献。设计师们需要积极融入绿色思想，将绿色装饰融入到建筑设计的方面，从而实现环境与人的和谐共生。通过不断的探索和实践，我们相信绿色装饰将会成为未来建筑设计中不可或缺的一部分，为我们的城市带来更美好的未来。

(二) 绿色植被选择

绿色植被选择的意义在于提升建筑环境的品质与舒适度，同时也可以达到净化空气、改善生活质量的效果。在公共空间的绿色装饰中，选择适合当地气候、土壤条件的植被是至关重要的。通过合理选择绿色植被，可以打造出美丽宜人的景观，提升公众的体验感受。同时，在公园景观改造中，也要考虑到绿色植被的生长周期和维护成本，选取易维护、耐久性强的植被种类更具可持续性。通过合理选择和设计绿色植被，可以实现良好的生态效果，创造出健康、舒适的室外环境。

在城市建筑环境中，绿色植被的选择至关重要。不同的植被种类可以为建筑环境增添不同的色彩和氛围，从而提升人们在其中生活、工作和休闲的体验。在选择绿色植被时，需要考虑到植物的生长习性和适应性，确保其能够适应当地的气候和土壤条件。绿色植被的种植位置也需要谨慎选择，以确保其能够充分发挥其美化和绿化功能。

在公共空间的绿色装饰中，植物的组合和搭配也是至关重要的。不同种类的植物搭配在一起可以形成丰富多样的景观效果，为城市环境增添活力和韵味。同时，在公园景观改造中，考虑到植物的生长周期和维护成本也是必不可少的。选择那些易于维护、耐久性强的植物种类可以降低维护管理的成本，同时也能够延长景观的美观持久性。

通过合理选择和设计绿色植被，可以实现良好的生态效果。植被的生长可以净化空气、吸收有害物质，改善周围环境的空气质量。同时，适当种植一些花草树木还可以吸引鸟类和昆虫，增加城市生态的多样性。这些生态效果不仅可以提升人们的身心健康，还能够打造出一个宜人舒适的室外环境，让人们在其中感受到大自然的美好与平静。

因此，在城市建筑环境中，合理选择和设计绿色植被是非常重要的。通过这样的努力，我们可以共同创造出一个美丽、健康、宜居的城市环境，为城市居民带来更多的愉悦和幸福。

(三) 碳排放减少方案

碳排放减少方案是指通过采取一系列措施和措施来减少对环境的碳排放。这些方案包括减少碳排放源，提高能源利用效率，推广清洁能源和采取其他措施来减少温室气体排放。在绿色装饰中，碳排放减少方案的实施可以有效降低建筑和装饰过程中的碳排放量，减少对环境的负面影响，实现可持续发展的目标。通过研究相关案例，我们可以发现不同类型的建筑装饰项目在碳排放减少方案上的创新应用和效果，为未来的绿色装饰实践提供借鉴和启示。

碳排放减少方案在绿色装饰中的应用至关重要。通过采取有效的措施和方案，可以减少碳排放源，提高能源利用效率，推广清洁能源，以及其他减少温室气体排放的措施。在建筑和装饰过程中，实施碳排放减少方案可以有效降低环境负面影响，实现可持续发展的目标。不同类型的建筑装饰项目在碳排放减少方案方面进行创新应用，取得了显著的效果。这些案例为未来的绿色装饰实践提供了宝贵的借鉴和启示，促进了绿色建筑的发展。碳排放减少方案的实施不仅可以保护环境，还可以节约能源资源，降低能源消耗和运营成本。因此，在未来的建筑装饰设计中，应继续积极采用各种创新的碳排放减少方案，为实现可持续发展目标贡献力量。

二、BIM 技术在公共空间规划中的应用

(一) 景观设计 BIM 模型构建

景观设计 BIM 模型构建的过程中，需要考虑各种因素，包括地形、植被、水体等。通过建立真实的数字模型，可以更好地展现设计方案在实际环境中的效果，以及提前发现可能存在的问题。利用 BIM 技术，设计师可以对景观元素进行精准的定位和调整，从而实现设计理念与实施效果的无缝对接。同时，BIM 模型还可以为团队成员提供一个实时协作平台，加快设计、审核和施工进程。

在景观设计 BIM 模型的构建过程中，需要充分考虑不同元素之间的关联性，以及场地的整体效果。通过 BIM 技术，设计师可以实时调整各种参数，包括植被种类、材质、颜色等，从而在保证绿色装饰效果的同时，达到节能、环保和美观的设计目标。BIM 模型还可以帮助设计师进行模拟分析，包括光照、阴影、水流等，以确保景观设计方案的可行性和实用性。

总的来说，景观设计 BIM 模型的构建是一项复杂而重要的工作，它不仅可以提高设计效率和质量，还可以为项目的可持续发展提供技术支持。随着 BIM 技术的不断发展和应用，相信景观设计领域也会迎来更多创新和突破。希望未来在绿色装饰领域，设计师们能够更加积极地借助 BIM 技术，创造出更具创新性和可持续性的作品。

在景观设计中，BIM 技术的应用可以带来许多优势和便利性。通过构建景观设计 BIM 模型，设计师可以更加全面地考虑和管理各种元素之间的关联性，使得整个设计方案更加协调和统一。在模型中，设计师可以实时地调整植被种类、材质和颜色等参数，以达到最佳的绿色装饰效果。同时，BIM 模型还可以进行各种模拟分析，比如光照、阴影和水流等，从而确保设计方案的可行性和实用性。

通过BIM技术的应用，设计师们不仅可以提高设计效率和质量，还可以为项目的可持续发展提供强有力的技术支持。通过BIM模型的构建，设计师们可以更好地预测和评估景观设计方案的效果和影响，从而及时进行调整和优化。这种全面而系统的设计方法不仅能够提升设计作品的品质，还可以为环境和社会可持续发展做出一份贡献。

随着BIM技术的不断发展和应用，设计师们在景观设计领域也会迎来更多的突破和创新。未来，借助BIM技术，设计师们可以更加灵活地融合各种创新元素和技术手段，创造出更具有可持续性和创新性的作品。希望在绿色装饰领域，设计师们可以充分发挥BIM技术的优势，为美丽的景观设计作出更多的贡献，让我们的环境变得更加宜居和可持续。

（二）施工管理中的BIM技术应用

施工管理中的BIM技术应用对于现代绿色装饰行业具有重要意义。通过BIM技术，施工管理可以实现数字化、智能化、精细化，有效提高装饰施工效率和质量。在装饰项目的施工过程中，BIM技术可以帮助管理人员对项目进行全面的规划和监控，实现施工过程的实时可视化管理。同时，BIM技术还可以实现装饰项目各个环节的协同工作，提高施工人员之间的沟通和协作效率。通过BIM技术，施工管理人员可以更好地调配资源，合理安排施工进度，从而有效控制项目成本，实现装饰施工的精细化管理。在实际的施工过程中，施工管理人员可以借助BIM技术对施工现场进行实时监控，及时发现和解决施工过程中的问题，确保装饰施工按计划进行。总的来说，BIM技术在施工管理中的应用可以提高装饰施工效率，降低施工成本，提高装饰施工质量，为绿色装饰行业的可持续发展提供有力支持。

在施工管理中的BIM技术应用不仅可以提高装饰施工效率和质量，还可以带来更多的便利和优势。BIM技术可以有效减少信息传递的时间和成本，让项目各方能够及时获得最新的施工信息。基于BIM技术的全面规划和监控可以使施工团队更加高效地协调工作，避免资源浪费和时间冲突。BIM技术还可以为施工管理人员提供更多的决策支持，使他们能够更好地应对施工过程中的各种挑战和难题。

BIM技术还可以实现对施工过程的可视化管理，通过虚拟建模和实时监控，管理人员可以清晰了解工程进展和质量情况，及时调整施工计划，确保项目按时高质量完成。同时，BIM技术还可以提供施工人员培训和技能提升的平台，使他们能够更好地适应新技术和新工艺，提升整个团队的专业水平和施工效率。

总的来说，BIM技术在施工管理中的应用不仅可以为装饰施工行业带来更高的效益和竞争力，也可以推动整个行业向着智能化、数字化和可持续化方向迈进。随着技术的不断发展和应用范围的扩大，相信 BIM 技术将会在未来的装饰施工领域发挥越来越重要的作用，为行业的进步和发展注入强劲的动力。

(三) 设计变更和优化

在绿色装饰案例研究中，设计变更和优化起着至关重要的作用。通过 BIM 技术的应用，设计师可以更加有效地进行设计变更和优化，以确保绿色装饰效果的最大化。设计变更和优化不仅能够提升装饰效果，还可以节约资源，减少浪费，实现可持续发展的目标。因此，设计变更和优化是绿色装饰案例研究中不可或缺的环节。通过 BIM 技术，设计师可以更加直观地了解设计方案的各个方面，从而快速进行设计变更和优化，为绿色装饰效果的实现提供良好的保障。BIM 技术的应用在公共空间规划中同样具有重要意义，可以有效地指导设计变更和优化的过程，为公共空间的绿色装饰提供更加精准的方案。通过 BIM 技术，设计师可以将设计方案模拟、优化，确保绿色装饰效果的最大化，实现设计的可持续性发展。设计变更和优化是绿色装饰案例研究中的关键环节，只有通过 BIM 技术的应用，设计师才能更加高效地进行设计变更和优化，为绿色装饰效果的实现提供有力支持。

设计变更和优化是推动绿色装饰案例研究不断前行的必要步骤。通过 BIM 技术的运用，设计师们可以对设计方案进行更为深入、全面的审查和分析，以期找到最合适的优化方案。这种便捷高效的工作方式不仅节约时间成本，更能让设计方案更具可持续性和绿色装饰效果。在公共空间规划中，BIM 技术的应用同样有着独特的重要性，能够帮助设计师们更好地把控设计细节，为公共空间的绿色装饰提供更为准确和精细的规划。通过 BIM 技术，设计师能够不断模拟和优化设计方案，确保绿色装饰效果的最大化，并实现设计的可持续性发展目标。设计变更和优化作为绿色装饰案例研究的关键环节，需要设计师们从多个角度出发，更高效地进行设计方案的调整和优化，以达到更好的绿色装饰效果。在未来的绿色装饰领域，BIM 技术的应用将成为设计师们的得力助手，推动着整个行业朝着更加可持续和环保的方向不断前行。

(四) 数据共享与协同合作

BIM 技术在绿色装饰中的创新研究不仅可以提高设计效率，还能实现数据的共享与协同合作。在实际应用中，设计团队可以利用 BIM 软件将整个项目的信息集成到一个统一的模型中，实现多方数据的共享和协同合作。设计团队成员可以在同一个平台上查看和编辑设计信息，实时更新设计进展，有效沟通和协作。

通过 BIM 技术实现数据共享和协同合作的方式有很多种，比如利用云端服务将建模数据存储在一个共享平台上，设计团队可以随时随地访问和编辑数据；也可以利用 BIM 软件的协同功能，不同人员间可以实时协作、共同编辑设计信息。BIM 技术还能够实现与其他软件系统的集成，将设计信息与项目管理、成本控制等各个方面的数据无缝连接，进一步提升团队的协同效率。

数据共享与协同合作的优势在于可以促进设计团队之间的有效沟通和合作，可以减少信息的重复录入和传递错误，提高设计的准确性和一致性；同时也可以加快设计进程，降低项目的成本和风险。通过 BIM 技术实现数据共享和协同合作，设计团队还可以更好地与客户和其他相关方进行沟通，更好地满足他们的需求和期望。

然而，在实际应用中，可能会遇到一些问题。比如设计团队成员对 BIM 软件的掌握程度不同，可能会影响团队的协同效率；不同软件系统之间的兼容性问题也可能导致数据共享和协同合作的困难。因此，在推广 BIM 技术在绿色装饰中的应用过程中，设计团队需要进行充分的培训和沟通，确保团队成员都能熟练使用 BIM 软件，并且需要选择兼容性好的软件系统，确保数据共享和协同合作的顺利进行。

总的来说，BIM 技术在绿色装饰中的应用是一个具有前景的发展方向。通过实现数据共享与协同合作，设计团队可以更好地进行设计创新，提高设计效率，降低成本，更好地服务客户和社会。在未来，随着 BIM 技术的不断发展和普及，相信 BIM 技术将在绿色装饰领域发挥越来越重要的作用。

在实际应用中，设计团队还需注意到数据安全和隐私保护的问题。BIM 技术在绿色装饰领域的成功应用也离不开政府和行业协会的支持和规范。同时，设计团队需要不断学习和掌握最新的 BIM 技术发展动态，以保持竞争优势。在推广 BIM 技术应用的过程中，还需要加强与工程施工方、材料供应商等各方的沟通和协作，实现全方位的信息共享和协同合作。

除此之外，设计团队还应当关注 BIM 技术在绿色装饰中的可持续发展问题，探索如何将其与可再生能源、节能减排等绿色理念相结合，实现环保和可持续发展的目标。在未来，随着社会对环保和可持续发展的需求不断增加，BIM 技术将在绿色装饰领域发挥更加重要的作用，为建筑行业的可持续发展注入新的活力和动力。设计团队需要继续不懈努力，不断提升自身专业水平和团队协作能力，应对未来挑战，实现更加美好的建筑未来。

三、后期维护与管理

（一）绿色植被养护

典型绿色装饰案例研究及 BIM 技术应用中，绿色植被的养护是非常关键的一

第四章 典型绿色装饰案例研究及BIM技术应用

环。绿色植被的养护工作主要包括浇水、修剪、施肥、病虫害防治等方面。在实际的养护过程中，我们需要根据不同的植物种类和生长环境来制定相应的养护方案和周期。

浇水是绿色植被养护中最基础的工作之一。不同的植物对水分需求量有所不同，因此需要根据植物的特性来确定浇水的频率和量。一般来说，夏季需要增加浇水频率，确保植物不会因缺水而枯萎。而冬季则需要减少浇水次数，避免过度湿润导致植物根部腐烂。

修剪也是绿色植被养护的重要环节。通过修剪可以控制植物的生长方向和形态，使植物保持健康和美观的外观。在修剪过程中需要注意选择适当的工具，并严格按照植物的生长规律来进行操作，避免对植物造成伤害。

施肥也是绿色植被养护中不可忽视的一环。通过合理的施肥可以为植物提供充足的养分，促进植物的生长和发育。在选择肥料时需要考虑植物的品种和生长季节，选用适合的有机或无机肥料，并避免过量施用，以免引起植物的逆反应。

病虫害防治也是绿色植被养护中的重要一环。定期巡查可以及时发现植物上的虫害或疾病，及时采取相应的防治措施，防止病虫害的扩散。在进行防治时需要选择低毒或无毒的防治方法，尽量减少对环境和人体的影响。

在绿色装饰中，充分利用BIM技术可以提高养护工作的效率和质量。通过BIM技术可以建立三维模型，并在其中标注植物的具体信息和养护要点，方便养护人员对植物进行管理和维护。同时，BIM技术还可以实现养护过程的自动化监控和数据记录，为绿色植被养护带来更多的便利和科学性。

绿色植被的养护工作是绿色装饰中不可或缺的一环。只有通过科学合理的养护措施和周期，才能确保绿色植被的健康生长和良好效果的展现。通过BIM技术的应用，可以进一步提升养护工作的效率和可持续性，为绿色装饰的发展注入新的活力。

在绿色植被养护中，除了采取防治措施外，还需要注意定期修剪、施肥和浇水等工作，以保持植被的健康生长状态。在进行修剪时，应该根据不同植物的生长习性和需求进行精细化管理，确保修剪的效果符合设计要求。同时，施肥和浇水也是至关重要的环节，要根据实际情况科学施肥，合理浇水，避免过度施肥和浇水导致植被生长异常。

在绿色植被养护过程中，还需要密切关注植被的生长状况和环境变化，及时发现并处理问题，防止病虫害的发生和扩散。定期检查植被的健康状况，保持环境整洁，及时清除落叶杂物，有助于减少病虫害的滋生和传播。

在实际养护工作中，充分利用先进的技术手段和设备也是提高工作效率的关键。通过引入无人机、智能养护设备等高科技手段，可以实现对大面积绿色植被的快速监测和养护，提高工作效率和减少人力资源成本。同时，利用互联网技术和大数据分析，可以实现对绿色植被养护过程的远程监控和数据管理，为养护工作提供科学依据和决策支持。

总的来说，绿色植被养护工作需要综合考虑各种因素，从预防控制病虫害扩散开始，到精细化管理、科学施肥、及时修剪等环节，都是确保绿色植被健康生长和美观效果的重要步骤。借助先进技术和科学管理手段，可以进一步提升养护工作的效率和质量，为绿色装饰事业的可持续发展提供有力支撑。

（二）水措施

在绿色装饰中，节水是一个至关重要的环节。随着人们环保意识的提高，越来越多的设计师和建筑师开始关注如何在装饰设计中实现节水。借助 BIM 技术，可以更好地实现节水效果。

BIM 技术可以通过模拟和分析水的流动路径和使用情况，帮助设计师合理规划水资源的使用。通过 BIM 软件可以模拟水在建筑中的流动情况，进而优化水管布局和设计，确保水资源得到合理利用。

BIM 技术还可以帮助设计师选择和应用节水设备。通过 BIM 软件，设计师可以方便地将节水设备模型导入设计图纸中，实时观察设备的运作效果和节水效果。同时，BIM 技术还可以对节水设备进行模拟测试，提前发现潜在的问题并进行优化。

实际上，借助 BIM 技术在绿色装饰中实施节水措施已经取得了一些成功的案例。例如，在某高端商业建筑的绿化装饰设计中，设计师利用 BIM 技术优化了雨水收集系统和喷灌系统的布局，有效节约了大量水资源，并且通过监测数据发现，水资源利用率明显提高，从而降低了环境对水资源的依赖。

BIM 技术还可以帮助评估节水效果并进行应用。在装饰施工完成后，设计师可以通过 BIM 软件对节水效果进行实时监测和评估，分析节水设备的实际使用情况，及时调整和优化节水方案，确保水资源的有效利用。同时，通过 BIM 技术，设计师还可以将成功的节水案例进行总结和分享，为更多的装饰设计提供参考和借鉴，推动绿色装饰行业的发展。

总的来说，BIM 技术在绿色装饰中的节水措施是一种创新的研究方向。通过 BIM 技术的应用，可以更有效地实现节水效果，提高水资源的利用率，为建筑设计和装饰行业的可持续发展做出贡献。希望未来能有更多的设计师和建筑师利用 BIM 技术，在绿色装饰中推动节水措施的应用和发展。

在当代社会，水资源的重要性不言而喻。而对于建筑设计和装饰行业来说，如何有效地利用好水资源，实现节水效果成为一项急需解决的问题。在这个背景下，

BIM 技术的应用成为一种非常具有前景的解决方案。通过 BIM 技术的普及和推广，设计师们可以更好地监测和评估节水设备的实际使用情况，及时调整和优化节水方案，从而确保水资源得到有效的利用。

除了在实时监测和评估节水效果方面发挥作用外，BIM 技术还可以促进成功的节水案例的总结和分享。通过分享成功的节水案例，可以为更多的装饰设计提供参考和借鉴，从而推动绿色装饰行业的发展。同时，借助 BIM 技术，设计师们可以更好地探索创新的研究方向，不断提高水资源的利用率，为建筑设计和装饰行业的可持续发展做出更大的贡献。

在未来，我们期待更多的设计师和建筑师能够善用 BIM 技术，共同推动节水措施的应用和发展。只有通过不懈的努力和创新，才能更好地实现绿色装饰的理念，为保护地球环境和可持续发展做出积极的贡献。让我们携起手来，共同努力，打造一个更加美好的生态环境，让水资源得到更好地保护和利用。

(三) 绿色管理平台建设

绿色管理平台的建设是绿色装饰中的必要环节，通过 BIM 技术的应用，可以实现绿色装饰的全生命周期管理。绿色管理平台主要包括功能模块、操作流程和效果评估三个主要方面。

在功能模块方面，绿色管理平台应该具备整体设计管理、材料选择管理、施工过程监控、后期维护管理等多个模块。通过平台，可以实现对于整个绿色装饰项目的全方位监控和管理，提高装饰效果的可持续性。

在操作流程方面，绿色管理平台应该实现信息的流通、互动和反馈。在项目实施过程中，各环节需要及时上传相关数据和信息，实现全过程的信息共享和沟通，提升项目的执行效率和效果。

在效果评估方面，绿色管理平台可以通过数据分析和报告生成等功能，对绿色装饰项目的效果进行评估和反馈。通过平台的实时监控和数据统计，可以及时发现问题并进行调整，保障绿色装饰项目的顺利实施。

通过绿色管理平台的建设，可以实现绿色装饰项目的规范化、标准化和信息化管理，提升绿色装饰项目的整体管理水平和效果。同时，通过 BIM 技术的应用，可以实现对于项目全生命周期的管理和监控，最大程度地保障绿色装饰项目的可持续性和环保效果。希望未来能够有更多的研究关注绿色管理平台的建设和应用，为绿色装饰行业的发展贡献更多的智慧和力量。

在绿色管理平台建设方面，我们还可以考虑将智能化技术应用到平台中，实现更加便捷、高效的管理方式。通过人工智能和大数据分析技术的结合，可以实现对绿色装饰项目的更加精准的监测和控制，从而提高项目的执行效能和效果。在平台建设过程中，我们还可以考虑引入虚拟现实技术，对项目进行模拟和预演，从而在项目执行阶段可以提前发现问题并加以解决，确保项目的顺利进行。

利用云计算技术建立绿色管理平台也是一个不错的选择。云计算可以为平台提供更加稳定、安全的环境，同时实现对数据的实时备份和恢复，确保绿色装饰项目的数据和信息始终处于安全可靠的状态。通过云计算的应用，可以实现对不同项目的横向比较和纵向分析，为项目的优化提供更多的数据支持。

除此之外，我们还可以考虑将物联网技术融入到绿色管理平台中，实现对项目设备、材料等的智能化监测和管理。通过物联网技术，可以实现设备的远程监控、材料的智能识别等功能，为项目的实施和管理提供更加精准的支持。同时，物联网技术还可以实现对项目执行过程的实时跟踪和记录，为项目的后期评估提供更加全面的数据支持。

综合而言，绿色管理平台的建设是绿色装饰项目管理的重要一环，通过引入智能化技术、云计算技术和物联网技术等，可以实现对项目的全方位监控和管理，提升项目的执行效率和效果，为绿色装饰行业的发展注入更多的活力和动力。期待未来绿色管理平台建设能够得到更多的关注和支持，为行业的可持续发展贡献更多的智慧和力量。

四、绿色装饰成效评估

（一）生态环境效果评价

绿色装饰对生态环境的影响至关重要，通过科学的方法进行效果评估可以更好地理解其在环境保护和可持续发展方面的作用。在绿色装饰中，不仅考虑美观和舒适性，更要注重对环境的保护和改善。

对于绿色装饰的效果评价方法，可以采用生态环境效果评价模型。通过建筑信息模型（Building Information Modeling，BIM）技术对绿色装饰方案进行建模，模拟其在实际使用情况下对环境的影响。运用生态效益评价方法，对绿色装饰所带来的节能减排、资源利用效率等方面进行评估。结合现场实测数据和用户反馈，对绿色装饰的实际效果进行验证和调整，实现环境效果评价的精准化和科学化。

通过生态环境效果评价，我们可以更全面地了解绿色装饰对生态环境的改善效果。例如，在住宅绿色装饰案例中，通过 BIM 技术建模可以模拟不同装饰方案对能耗、室内温度等的影响，进而评估其在节能减排方面的效果。在商业建筑绿色装饰案例中，通过生态效益评价方法可以分析绿色墙面、绿色屋顶等装饰材料对环境的影响，评估其在资源利用效率方面的效果。而在公共空间绿色装饰案例中，结合现场实测数据和用户反馈，可以更好地了解绿色装饰对空气质量、人群健康等方面的影响。

通过生态环境效果评价的研究，可以为绿色装饰方案的设计和实施提供科学依据，促进其在环境保护和可持续发展中的应用。未来，我们可以进一步深化绿色装饰的研究，推动 BIM 技术在绿色装饰中的创新应用，实现建筑装饰与环境保护的有机结合，为人类创造更美好的生活空间。

生态环境效果评价是绿色装饰方案设计的重要考量之一。通过对装饰方案的模拟与评估，可以更好地了解其对能源消耗、室内温度和环境资源利用效率的影响。在商业建筑中，绿色墙面和绿色屋顶等装饰材料的选择，直接关系到建筑整体节能减排效果。而在公共空间中，绿色装饰对空气质量和人群健康的影响也是不可忽视的。

通过生态环境效果评价的研究，可以为绿色装饰方案的设计提供科学依据。未来，随着 BIM 技术在绿色装饰领域的不断创新应用，我们可以预见建筑装饰与环境保护将实现更紧密的结合。这种有机结合将为人类创造更加健康、舒适的生活空间提供更多可能性。通过持续深化绿色装饰的研究，我们可以更好地促进其在环境保护和可持续发展中的应用，推动建筑行业朝着更加绿色、可持续的方向发展。

在未来，我们还可以进一步探索绿色装饰对于建筑整体生态系统的影响，以及其在城市可持续发展中的作用。通过不断创新和实践，绿色装饰将成为建筑行业的重要发展方向，为人类社会的可持续发展贡献力量。愿我们的努力能够为创造更加美好的未来奠定坚实的基础。

(二) 社会效益分析

在探讨绿色装饰对社会效益的影响时，不得不提及环境改善的重要性。绿色装饰的应用可以有效降低建筑物的能耗，减少对资源的浪费，减少对环境的污染。通过选用环保材料、节能设备，植物墙等绿色装饰手段，可以有效改善室内空气质量，提高人们的生活品质。

绿色装饰也能够提高人们对绿色环保的认知。随着人们环保意识的不断提高，越来越多的人开始关注建筑环保和健康问题。绿色装饰的引入，可以让人们更加直观地感受到环保、健康的价值，从而激发更多人参与到环保行动中来。

典型的绿色装饰案例研究也进一步证实了绿色装饰对社会的积极影响。在住宅绿色装饰案例研究中，通过利用可再生资源和节能材料，打造了一个节能环保的家居环境，不仅改善了住户的居住条件，也为整个社区提供了一个环保的示范。

在商业建筑绿色装饰案例研究中，绿色装饰不仅可以吸引更多的消费者，也能够提高员工的工作效率和生产力。一个绿色、舒适的工作环境可以提高员工的幸福感和满意度，从而减少员工的离职率，为企业创造更大的价值。

而在公共空间绿色装饰案例研究中，绿色装饰不仅可以提升城市的形象，也能够为市民提供一个舒适宜人的休憩场所。例如，在城市公园、广场等公共空间中引入绿色植物、水景等元素，可以让市民在繁忙的城市生活中找到片刻的休憩和放松。

绿色装饰在社会中的应用不仅可以改善环境、提高人们的环保意识，还可以为社会带来更多的积极效益。因此，我们有必要进一步推广和应用绿色装饰技术，为建设绿色、健康的城市环境做出更大的贡献。而BIM技术的应用，则可以为绿色装饰的设计、施工、管理等环节提供更加高效的解决方案，推动绿色装饰技术不断创新，实现可持续发展的目标。

幸福的员工更加有干劲和创造力，他们会更积极地投入工作，给企业带来更大的效益。而在城市的建设中，绿色装饰不仅可以提升城市的整体形象，也为市民提供了更多的休闲空间和心灵慰藉。绿色的环境不仅有利于人们的身心健康，也有助于减少空气污染和提高城市的整体空气质量。

除此之外，绿色装饰在建筑领域的运用也能够减少能源消耗和碳排放，为环境保护和可持续发展贡献一份力量。通过绿色植物的种植、节能材料的使用等方式，可以有效降低建筑物的能耗和对资源的依赖。在实际的建筑工程中，结合BIM技术进行绿色装饰设计和施工，可以最大程度地提高效率和减少浪费，实现建筑的绿色节能目标。

总的来说，绿色装饰的应用不仅能够带来环境上的改善和人们生活品质的提升，也为社会和企业带来了可持续发展与经济效益。因此，我们需要更多地关注绿色装饰技术的研究和推广，让绿色环保理念贯穿于建筑、企业和城市的各个领域。只有这样，我们才能共同创造一个更加美好、健康、可持续的生活环境。

（三）维护成本评估

维护成本评估是绿色装饰中至关重要的一环，它可以帮助评估长期的维护成本和效益之间的平衡，以确保绿色装饰方案的可持续性。在进行维护成本评估时，可以考虑以下几个方面：

需要考虑绿色装饰材料的耐久性和维护成本。有些绿色装饰材料可能初始投入较高，但因其较长的使用寿命和较低的维护成本，整体维护成本可能会更低。因此，在选择材料时，应该结合实际情况综合考量。

需要考虑绿色装饰的维护工作量和频率。一些绿色装饰方案可能需要更频繁的维护，如定期修剪植物或更换生态材料，这将增加维护成本。因此，在设计阶段就应该考虑到维护工作量，并合理安排维护计划。

还需要考虑绿色装饰的效益和收益。绿色装饰不仅可以提升建筑空间的舒适度和美观度，还可以降低能耗、改善室内空气质量，为用户提供更好的使用体验。这些效益虽然难以量化，但却是长期维护成本的有效补偿。

通过综合考量以上因素，可以进行维护成本评估，并为绿色装饰方案的实施提供参考。例如，在一个商业建筑的绿色装饰方案中，选择了具有较长使用寿命和较低维护频率的绿色材料，虽然初始投入较高，但整体维护成本却比传统装饰方案更低。这表明在绿色装饰方案中，通过合理选择材料和设计，可以实现长期维护成本和效益之间的平衡，提升绿色装饰的可持续性。

维护成本评估是绿色装饰中需要重视的一环，通过综合考量材料耐久性、维护工作量和收益效益等因素，可以为绿色装饰方案的长期运行提供保障。在今后的绿色装饰研究中，应该进一步深入研究维护成本与效益之间的关系，为绿色建筑的可持续发展提供更多有益的建议和经验。

在绿色装饰的实施过程中，维护成本评估是至关重要的，它直接影响着绿色建筑的可持续性和经济效益。在选择绿色材料和设计方案时，考虑到材料的耐久性和维护工作量尤为重要。通过合理的策略和措施，可以降低装饰方案的维护成本，提高其长期运行效益。

绿色装饰方案所选择的材料应具有较长的使用寿命，并且易于维护和修复。在商业建筑中，采用耐久性强、维护频率低的绿色材料能够有效降低整体维护成本，尽管初始投入可能较高。借助合适的绿色设计理念，可以实现维护成本与效益之间的平衡，并提升绿色装饰方案的可持续性。

在未来的绿色装饰研究中，需要进一步深入探讨维护成本与效益之间的相互关系，并寻找更多有效的方法和策略来降低维护成本、提高运行效益。通过不断的实践和经验积累，可以为绿色建筑的可持续发展提供更多宝贵的建议和指导，推动绿色装饰行业朝着更加健康、环保和经济的方向发展。

(四) 用户感知调查

用户感知调查是本研究中至关重要的一环，通过问卷调查和访谈的方式，我们收集了一定数量的用户反馈信息。调查结果显示，大部分用户对绿色装饰持积极态度，认为绿色装饰不仅可以提升空间的居住质量和舒适度，还能有效改善室内空气质量，提供更健康、环保的生活环境。

用户们普遍认为，绿色装饰可以通过植物、自然光、环保材料等设计元素，为室内空间增添独特的美感和生机。同时，绿色装饰还可以有效降低能耗，减少对自然资源的消耗，符合可持续发展的理念，受到用户的高度认可。

在对 BIM 技术在绿色装饰中的应用进行讨论时，用户们表示高度期待。他们认为 BIM 技术可以帮助设计师更好地展现绿色装饰的设计方案，提供全方位的模拟效果和可视化展示，让用户更直观地感受到绿色装饰的魅力。BIM 技术还可以提高设计方案的精准度和可操作性，减少设计期间的误差和改动，从而更好地保证绿色装饰方案的实施效果。

用户对绿色装饰的认可和期待为 BIM 技术在该领域的应用提供了有力支持。今后的研究中，我们将进一步探讨 BIM 技术在绿色装饰中的具体应用方式，并结合用户的意见反馈，不断完善和创新绿色装饰设计，为建筑行业的可持续发展贡献更多力量。

用户们还表示，他们希望 BIM 技术可以帮助他们更好地理解绿色装饰设计方案的实际效果，并能够提供更具体和可操作的方案。通过 BIM 技术，设计师可以更加便捷地实现与用户的交流与沟通，确保设计方案符合用户的需求和期望。同时，BIM 技术还可以为设计过程提供更多的数据支持，使绿色装饰设计更加科学合理，为环境带来更好的效益。

用户们还认为，BIM 技术在绿色装饰领域的应用将有助于提高设计效率和质量，减少设计过程中的浪费和损耗。通过 BIM 技术的智能化分析和模拟，设计师可以更加准确地评估各种设计选项的优劣，最大程度地发挥绿色装饰的效果。这样一来，不仅可以节约时间和成本，还可以更有效地促进可持续发展理念在建筑行业的普及和应用。

用户对 BIM 技术在绿色装饰中的应用充满信心和期待，这为我们未来的研究和实践指明了方向。我们将继续深入挖掘 BIM 技术在绿色装饰设计中的潜力，不断创新和完善设计方法和工具，为建筑行业的可持续发展贡献更多的智慧和力量。愿我们的努力能够为绿色装饰设计带来更加美好的未来，为环境保护事业贡献一份力量。

第四节 工业绿色装饰案例研究

一、工业厂房改造

（一）绿色节能技术应用

绿色节能技术应用的重要性不言而喻，它不仅可以提升建筑的节能性能，减少能源消耗，还能降低对环境的影响，实现可持续发展。在工业绿色装饰案例研究中，工业厂房改造是一个重要的方向，通过运用先进的绿色节能技术，可以有效改善工业建筑的能效表现，实现降低能源消耗的目标。同时，绿色节能技术的应用不仅可以提升工业建筑的整体性能，还可以改善工作环境，提高员工的生产效率。绿色节能技术的应用是工业绿色装饰的关键，也是未来工业建筑发展的必然趋势。

工业绿色装饰是当前建筑行业的热点之一，而绿色节能技术作为其中的重要组成部分，扮演着至关重要的角色。在工业厂房改造中，运用绿色节能技术可以显著提高建筑的能效表现，实现节能减排的目标。这不仅有利于减少能源消耗，降低运营成本，还能有效减少对环境的影响，为美丽的家园贡献自己的一份力量。

除了在节能减排方面发挥作用外，绿色节能技术的应用还可以改善工业建筑的整体性能。通过运用先进的技术手段，可以提升建筑的舒适性和安全性，为员工营造一个良好的工作环境。工作环境的改善不仅可以提高员工的生产效率，还可以提升员工的工作满意度和忠诚度，对企业的发展壮大具有重要意义。

在未来工业建筑的发展中，绿色节能技术的应用将是必然的趋势。随着社会对环保意识的不断提升，政府对节能减排的政策要求也越来越高，推动了绿色节能技术的不断创新和应用。因此，工业绿色装饰行业在未来的发展中将会迎来更广阔的发展空间，为建筑行业的可持续发展贡献更多力量。

绿色节能技术的应用不仅是工业绿色装饰的关键，更是建筑行业发展的必然趋势。通过不断引入先进技术，提高绿色节能技术的应用水平，可以实现节能减排目标，改善工作环境，促进企业可持续发展，实现经济效益和环保效益的双赢。

(二) 智能化控制系统

智能化控制系统是工业装饰领域的重要技术，通过引入先进的智能化控制系统，可以有效提高工业生产装饰的效率和质量。智能化控制系统可以实现对工业装饰装备的自动化控制，根据装饰需求实时调整装饰参数，提高生产效率。同时，智能化控制系统还可以监测工业装饰过程中的各项数据，实现数据分析和优化，在保证装饰质量的前提下，降低工业装饰的成本。

智能化控制系统在工业装饰领域的应用，不仅提高了装饰生产的效率和品质，还为工业企业带来了更多的经济效益。通过智能化控制系统，工业装饰企业可以实现装饰生产的数字化、智能化管理，提高企业的竞争力和市场占有率。同时，智能化控制系统还可以为工业企业提供更多的装饰选择，满足客户不同的装饰需求，拓展企业的装饰市场。

在智能化控制系统的支持下，工业装饰企业还可以实现装饰生产的个性化定制，根据客户的需求量身定制装饰方案，提高客户满意度。通过智能化控制系统，工业装饰企业可以实现生产过程的可视化管理，及时监控装饰生产进度，保证装饰工程的顺利进行。同时，智能化控制系统还可以提高工业装饰企业的生产效率，降低生产成本，增加企业装饰的盈利空间。

在智能化控制系统的支持下，工业装饰企业可以更加高效地进行生产计划的制定和执行。通过系统的数据分析和预测功能，企业可以更好地把握市场需求，及时调整生产策略，以满足客户的个性化需求。智能化控制系统还可以帮助企业优化生产流程，提高生产效率，降低生产成本。

除此之外，智能化控制系统还能够提升企业的管理水平和品牌形象。通过对生产过程的监控和管理，企业可以及时发现并解决问题，保障产品质量，提升客户满意度。同时，借助系统的数据分析功能，企业可以深入了解客户需求和市场趋势，为企业的战略决策提供有力支持，增强企业竞争力。

智能化控制系统还有助于企业与供应商、合作伙伴之间的信息共享和协同合作。通过系统的信息互通功能，企业可以与合作伙伴实现更加紧密的合作关系，共同推动产业升级和发展。同时，系统还可以帮助企业快速响应市场变化，灵活调整供应链，降低库存压力，提高资金利用率。

总的来说，智能化控制系统为工业装饰企业带来了全新的管理念和生产模式，不仅提升了企业的生产效率和品质，还增强了企业的竞争力和市场占有率。随着技术的不断发展和应用，智能化控制系统将继续发挥重要作用，助力企业实现可持续发展。

（三）BIM 技术的支持

BIM 技术作为建筑信息模型技术的重要工具，不仅在建筑设计和施工过程中有着重要作用，同时在绿色装饰领域也发挥着重要的支持作用。通过 BIM 技术，设计师可以更加直观地展现绿色装饰方案的效果，同时实现装饰材料的优化选择和节能设计。在案例研究中，BIM 技术的应用使得绿色装饰方案更加灵活多样，同时可以有效减少浪费和提高装饰效果。通过 BIM 技术的支持，绿色装饰在不同类型建筑中的应用研究得到了进一步的推动，为建筑行业的绿色发展贡献了重要的力量。

BIM 技术的支持不仅局限于建筑设计和绿色装饰领域。在建筑施工过程中，BIM 技术也发挥着重要的作用。通过 BIM 技术可以进行施工进度的优化管理，实现施工过程的数字化监控和协调，从而提高施工效率并降低工程风险。BIM 技术还可以为维护和运营阶段提供支持，建立建筑设施的数字化模型，用于设施的维护管理和设备维修信息的记录查询，确保建筑设施的长期运行效果。在建筑设计、施工和运营全过程中，BIM 技术的应用将为建筑行业的可持续发展注入新的动力。

值得一提的是，随着 BIM 技术的不断发展和完善，其应用领域也在不断扩大。除了建筑设计和施工，BIM 技术在城市规划、土地管理、交通规划、环境保护等领域也有着广泛的应用前景。通过 BIM 技术，可以实现城市各项基础设施的数字化建模和智能化管理，为城市可持续发展提供科学依据和技术支持。在未来，BIM 技术将继续发挥着重要作用，推动建筑行业的数字化转型和智能化发展，促进建筑行业朝着更加智慧、高效和环保的方向迈进。

二、绿色生产实践

（一）碳排放监测

碳排放监测是指通过各种手段对企业或个体在生产和生活过程中产生的二氧化碳等温室气体进行监测、记录和评估的过程。通过对碳排放的监测，可以更加准确地了解碳排放情况，为减少碳排放提供科学数据支持。在工业绿色装饰案例研究中，碳排放监测起到了至关重要的作用。通过对工业装饰过程中的碳排放进行监测，可以及时发现并解决碳排放过高的问题，推动企业向低碳环保方向发展。

在实际生产中，工业装饰过程中碳排放的监测主要包括对原材料采购、生产制造、施工艺等环节的碳排放进行量化评估。通过使用先进的碳排放监测设备和技术，可以准确记录每个环节产生的碳排放量，为企业提供数据支持，帮助企业了解自身的碳排放情况，并对照相关标准进行评估。

同时，碳排放监测还可以帮助企业实施碳排放减少措施，通过对碳排放的监测和管理，指导企业降低碳排放，推动企业实现绿色生产目标。通过碳排放监测，可以有效监督和管理企业的碳排放情况，促使企业提升环保意识，加速向绿色生产模式转变。

总的来说，碳排放监测在工业绿色装饰案例研究中扮演着重要的角色，通过对碳排放的监测和管理，可以帮助企业更好地了解自身的碳排放情况，促进企业实施碳排放减少措施，推动企业朝着绿色生产方向转变。希望未来在工业绿色装饰领域重视碳排放监测工作，不断完善碳排放监测体系，为实现绿色生产目标做出积极贡献。

碳排放监测在工业绿色装饰领域的重要性不言而喻。通过持续监测和管理企业的碳排放情况，可以有效地引导企业实施减排措施，从而促进企业朝着绿色生产方向转变。在如今注重环保和可持续发展的时代背景下，企业应当重视碳排放监测工作，不断完善监测体系，为实现绿色生产目标做出积极贡献。

碳排放监测的目的在于为企业提供准确的数据支持，帮助企业了解自身的碳排放情况，并据此制定相应的减排措施。通过监测碳排放，企业可以识别出高排放点，有针对性地采取措施进行降低，从而提升整体的环保水平。同时，监测也可以帮助企业遵守相关的环保法规和标准，规范企业的生产行为，促进绿色生产的持续发展。

在实施碳排放监测的过程中，企业也应当注重数据的真实性和准确性。只有通过准确的监测数据，企业才能制定出真正有效的减排措施，实现碳排放的持续降低。同时，企业也应当重视员工的环保意识培养，通过碳排放监测的过程，增强员工的环保意识，推动企业向绿色生产模式转变。

总的来说，碳排放监测作为工业绿色装饰领域重要的一环，扮演着不可替代的角色。只有通过持续的监测和管理，企业才能更好地了解自身的碳排放情况，促进绿色生产的实施，为环保事业贡献力量。希望未来企业能够重视碳排放监测工作，不断完善相关体系，共同为构建绿色环保的美好未来而努力。

（二）资源循环利用

资源循环利用的意义在于实现资源的最大化利用，从而减少资源浪费和环境污染。在绿色装饰领域，资源循环利用可以通过选择可再生材料、提倡节约能源和水资源的设计理念来实现。这些做法不仅有助于减少环境负担，还可以降低装饰成本，提高装饰效果。在住宅绿色装饰案例研究中，一些建筑设计师通过利用可再生材料和采用节能灯具等措施，成功实现了资源的循环利用，为居民提供了健康舒适的居住环境。在商业建筑绿色装饰案例研究中，一些企业在装饰设计中充分考虑了节能减排和资源循环利用的理念，取得了良好的装饰效果，并获得了消费者的认可。在公共空间绿色装饰案例研究中，一些城市管理部门在公共空间装饰中大力推广资源循环利用的理念，提高了城市景观品质，为市民创造了宜居环境。而在工业绿色装饰案例研究中，一些企业倡导了绿色生产实践，推动了资源的循环利用和节约利用，有效减少了生产过程中的废弃物排放，实现了可持续发展的目标。资源循环利用不仅是一种环保理念，更是一种经济效益的体现，通过在绿色装饰中的应用，可以实现环境、经济和社会的可持续发展。

在现代社会，资源循环利用已经成为一种不可或缺的环保理念和经济战略。随着人们对环境问题的重视，越来越多的企业和城市管理部门开始重视资源的节约和再利用。在建筑装饰领域，各种创新的绿色设计方案不仅美化了建筑环境，同时也实现了资源的循环利用，为居民提供了健康舒适的生活空间。

在商业建筑绿色装饰案例研究中，各大企业纷响应绿色理念，通过节能减排和资源循环利用，不仅提高了装饰效果，还赢得了消费者的认可。公共空间的绿色装饰同样取得了巨大成功，城市管理部门的推广举措使得城市景观更加宜人，市民们也享受到了更舒适的环境。而工业绿色装饰案例研究中，企业的倡导和实践更是为资源循环利用和节约利用树立了榜样，有效减少了废弃物排放，实现了可持续发展的目标。

资源循环利用作为环保理念和经济效益的结合体，不仅在绿色装饰中发挥着重要作用，更是推动了环境、经济和社会的可持续发展。未来，我们应当继续加大对资源循环利用的研究和推广力度，共同努力打造更加美好的生态环境，让资源得到最大化的利用，实现经济社会的双赢。

(三) 污染物治理方案

污染物治理方案的制定和实施对于建筑绿色装饰至关重要。通过采用先进的治理技术和科学的管理措施，可以有效减少污染物的排放和影响，保障人们的健康和环境的可持续发展。在工业绿色装饰案例研究中，相关企业通过引入清洁生产技术和环境管理体系，成功实现了污染物的减排和资源的循环利用，为绿色生产实践树立了良好的示范。

在实际的绿色装饰项目中，污染物治理方案的具体措施和效果评估是至关重要的环节。只有科学合理地制定和执行治理方案，才能实现预期的环保效果和经济效益。通过对公共空间绿色装饰成效的评估，可以及时发现问题并采取有效措施进行改进，确保装饰效果的长期稳定。

污染物治理方案的制定和实施对于绿色装饰项目的成功实施至关重要。只有采取有效的措施，有效减少污染物排放，才能实现环境保护和可持续发展的目标。希望通过本文的研究和探讨，能够为未来的绿色装饰项目提供有益的借鉴和启示。

在绿色装饰项目中，污染物治理方案的实施需要全面考虑各种因素，如材料选择、施工艺、废水排放等。通过引入先进的治理技术和设备，可以有效减少有害物质的排放，降低环境污染的风险。同时，建立健全的监测体系和评估机制，可实时监测治理效果，及时调整和改进方案。加强对员工的环保意识培养和技术培训也是至关重要的，只有员工意识到环保的重要性，才能真正将治理方案落实到位。

在污染物治理方案的制定过程中，需要与相关部门和专家进行深入合作，充分借鉴前人的经验和教训，避免重复犯错。同时，要结合实际情况制定具体的措施和时间表，确保治理方案的可操作性和可持续性。只有在各方共同努力下，才能实现绿色装饰项目的可持续发展目标。

在未来的研究中，应该进一步深入探讨不同环境条件下的污染物治理方案的适用性及效果，为绿色装饰行业的发展提供更多的科学依据。同时，倡导绿色装饰理念，推动企业积极履行社会责任，共同建设清洁美丽的家园。希望通过大家的共同努力，可以实现环境保护和经济效益的双赢局面，为人类可持续发展贡献力量。

（四）BIM 技术在工业生产中的应用

绿色装饰在不同类型的建筑项目中的应用，无疑是当前建筑领域中的一个重要趋势。在住宅绿色装饰案例研究中，我们可以看到许多成功的案例，这些案例不仅提供了美观的装饰效果，更重要的是为住户创造了健康舒适的生活环境。商业建筑和公共空间绿色装饰案例研究中，绿色装饰呈现出了更加专业和商业化的一面，为商业活动和公共服务提供了更好的环境支持。工业绿色装饰案例研究则着重于绿色生产实践的探索和实现，通过装饰设计的绿色化，使工业生产过程更加环保和可持续。

而 BIM 技术作为一种先进的建筑信息模型技术，在工业生产中的应用更是具有前瞻性和创新性。通过 BIM 技术，可以实现建筑设计、施工和运营全过程的信息集成和协同，提高工程效率，减轻工作负担，提高设计质量和工程进度控制。在绿色装饰中，BIM 技术可以帮助设计团队更好地进行材料选择、能源利用优化、环保工艺用料等方面的工作，实现装饰设计的绿色化和可持续化。

绿色装饰案例研究和 BIM 技术的应用在建筑领域中具有重要意义，不仅可以创造更美好的生活和工作环境，还可以推动建筑行业朝着更加绿色、可持续的方向发展。希望未来在绿色装饰和建筑信息技术的研究与应用中，取得更多的创新和突破，为人类居住环境和地球生态环境的改善做出更多的贡献。

BIM 技术在工业生产中的应用不仅具有前瞻性和创新性，也为建筑行业带来了巨大的变革和提升。通过 BIM 技术，建筑设计、施工和运营全过程得到了信息集成和协同，工程效率得到了显著提高，工作负担也减轻了许多。特别是在绿色装饰领域，BIM 技术的应用可以协助设计团队进行更精准的材料选择、能源利用优化以及环保工艺用料，从而推动装饰设计的绿色化和可持续化进程。

绿色装饰案例研究和 BIM 技术的结合，在建筑领域中意义重大。它不仅创造了更美好的生活和工作环境，也促使建筑行业更加倾向于绿色、可持续的发展方向。未来，我们期待在绿色装饰和建筑信息技术的研究与应用中取得更多的创新与突破，为人类居住环境和地球生态环境的改善做出更大的贡献。随着科技不断进步和应用，BIM 技术在工业生产中的作用将变得更为显著，为建筑行业带来更多的便利和可能性。

BIM 技术作为建筑行业的重要工具，将继续发挥其重要作用，在促进工程效率提升、设计质量改进、绿色环保意识增强等方面发挥着关键性的作用。希望未来能够有更多的科研机构和企业加入到 BIM 技术研究与应用中，共同致力于建筑行业的创新与发展，为社会建设和生态环境保护做出更大的贡献。

三、成果总结与展望

（一）绿色装饰效果评估

绿色装饰效果评估是评价绿色装饰方案实施后的效果。通过对住宅、商业建筑、公共空间和工业等不同类型建筑进行绿色装饰案例研究，可以发现各种绿色装饰技术在不同环境中的实际效果和应用成效。这些案例研究为我们提供了宝贵的经验和启示，指导我们在今后设计和建筑绿色装饰方案时更加科学和有效。同时，通过 BIM 技术的应用，我们可以更加直观地展示绿色装饰效果，模拟不同方案在建筑中的呈现情况，为评估绿色装饰效果提供了更为准确的依据。因此，在未来的绿色装饰研究和实践中，我们将继续借助 BIM 技术，结合实际案例研究，全面评估绿色装饰效果，为建筑行业的可持续发展做出更大的贡献。

通过对不同类型建筑的绿色装饰案例研究，我们可以看到各种绿色装饰技术在实际环境中的效果和应用成效。这些案例研究为我们提供了宝贵的经验和启示，让我们更加深刻地认识到绿色装饰对建筑环境的改善和提升作用。在今后的设计和建筑工作中，我们将进一步注重绿色装饰方案的科学性和有效性，以实现更加可持续的发展目标。

BIM 技术的应用为我们提供了更加直观的展示方式，可以模拟不同绿色装饰方案在建筑中的呈现情况，为评估绿色装饰效果提供了更为准确的依据。我们将持续借助 BIM 技术，结合实际案例研究，全面评估绿色装饰效果，促进建筑行业向着可持续发展的方向迈进。

在未来的绿色装饰研究和实践中，我们将不断探索创新，挖掘更多的有效绿色装饰技术，以满足人们对建筑环境质量和舒适度的需求。通过持续改进绿色装饰方案，我们将为建筑行业的可持续发展做出更大的贡献，为社会提供更加健康、宜居的建筑环境。愿我们的努力能够推动绿色装饰的发展，为全球的可持续建筑事业贡献力量。

（二）经济效益分析

经济效益分析是评估绿色装饰项目在经济方面的收益和成本，包括初期投资、运营和维护成本以及长期效益。通过对成本与收益的比较分析，可以帮助决策者更好地理解项目的盈利能力和可持续性，从而为未来的设计和决策提供参考依据。在绿色装饰案例研究中，经济效益分析是评估项目可行性和成功与否的重要指标之一。

在实际的案例研究中，通过对不同类型建筑的经济效益进行比较分析，可以发现绿色装饰在不同建筑类型中的实际应用效果。对于住宅建筑而言，绿色装饰可以降低能源消耗，减少维护成本，提高居住舒适度，从而增加房屋的价值。在商业建筑中，绿色装饰可以提升商业价值，提高顾客体验，增加品牌形象，从而带来更多的经济回报。在公共空间中，绿色装饰可以改善环境质量，吸引人流，提升城市形象，为公共服务带来更多价值。而在工业建筑中，绿色装饰可以提高生产效率，减少资源浪费，降低运营成本，带来更多的经济效益。

总的来说，经济效益分析是绿色装饰项目可持续发展的重要保障之一。通过对不同案例的经济效益进行评估，可以为决策者提供更科学客观的数据支持，促进绿色装饰在建筑行业的进一步推广和应用，推动建筑行业朝着更加环保、可持续的方向发展。

通过经济效益分析，我们可以看到绿色装饰在不同类型建筑中所带来的巨大潜力和价值。对于住宅建筑而言，绿色装饰的应用可以使居住环境更为舒适，减少长期维护成本，提升房屋价值。在商业建筑领域，绿色装饰不仅可以增加商业价值，提升品牌形象，更能吸引更多客户，带来显著的经济回报。而在公共空间的绿色装饰方面，改善环境质量可以增加城市形象的吸引力，为公共服务带来更多的价值。工业建筑中的绿色装饰则可以提高生产效率，减少资源浪费，降低运营成本，从而创造更多的经济效益。

经济效益分析对绿色装饰项目的可持续发展至关重要。通过对不同案例的经济效益进行评估，为决策者提供了更为科学客观的数据支持，促进了绿色装饰在建筑行业的进一步推广和应用，推动了整个建筑行业朝着更加环保、可持续的方向发展。绿色装饰不仅是一种趋势，更是一种重要的战略选择，它不仅有益于环境保护，更能为建筑行业带来更为可持续的发展和繁荣。希望在未来的发展中，能够看到更多基于经济效益分析的绿色装饰项目得以实施，实现经济和环境的双赢局面。

（三）绿色技术创新展望

绿色技术创新展望：绿色装饰作为绿色建筑的重要组成部分，正在日益受到社会的关注和认可。在未来的发展中，绿色技术将继续迎来新的突破和创新，为绿色装饰领域带来更多的可能性和机遇。随着科技的不断发展和进步，BIM技术作为一种数字化设计和建造工具，将在绿色装饰中发挥越来越重要的作用。未来，我们可以通过BIM技术实现绿色建筑设计的可持续性和高效性，为绿色装饰提供更多的创新和应用方向。希望未来能够有更多的研究和实践，推动绿色技术在装饰领域的创新和发展，为建筑行业的可持续发展做出更大的贡献。

绿色技术创新展望：绿色装饰作为绿色建筑的关键因素，已经成为社会各界关注的焦点。在未来的发展中，绿色技术将继续迎来新的突破和创新，并为绿色装饰领域带来更多可能性和机遇。随着科技的飞速发展，数字化设计和建造工具的应用将变得更加普及和深入。绿色建筑设计的可持续性和高效性将得到进一步提升，为绿色装饰注入更多创新的元素。未来，我们期待着更多研究和实践，以推动绿色技术在装饰领域的创新和发展，为建筑行业的可持续发展贡献更大的力量。希望未来能有更多的合作与交流，共同探索绿色技术在装饰领域的应用前景，为打造更加环保和美观的建筑环境而努力。让我们携手迈向绿色科技的未来，共同创造一个更加可持续和宜居的社会。

第五章 研究结果与讨论：BIM 技术对绿色装饰的贡献

第一节 BIM 技术在绿色装饰中的应用情况分析

一、BIM 技术在节能方面的应用

(一) 能设计中 BIM 的作用

BIM 技术在绿色装饰中的应用情况分析显示，随着技术的不断发展，越来越多的行业开始采用 BIM 技术进行建模和设计工作。在绿色装饰领域，BIM 技术的应用也逐渐增多。通过 BIM 技术，设计师可以更加直观地展示装饰效果，提高设计效率，减少设计变更次数，从而节约时间和成本。

在节能方面，BIM 技术可以通过模拟建筑物的能耗情况，帮助设计师优化建筑结构和材料的选择，从而实现节能目标。BIM 技术还可以帮助设计师在设计阶段就考虑到节能问题，从而在后期施工和运营阶段实现更好的节能效果。

在节能设计中，BIM 的作用不仅是提供了一个可视化的工具，更重要的是为设计师提供了一个全面的信息平台，帮助设计师更好地协调各个专业的工作，从而实现建筑装饰的节能目标。通过 BIM 技术，设计师可以更好地分析建筑结构、材料特性等信息，为节能设计提供更加详细、全面的参考依据。

BIM 技术在绿色装饰中的应用情况分析表明，BIM 技术在节能方面的应用具有重要意义。通过 BIM 技术，设计师可以更加直观地展示装饰效果，优化建筑材料和结构的选择，从而实现绿色装饰的节能目标。在未来，随着 BIM 技术的不断发展和应用，相信其在绿色装饰领域中的作用将会越来越重要，为建筑行业的可持续发展提供更多的支持与帮助。

在现代建筑装饰领域，节能设计一直是一个备受关注的话题。BIM 技术的应用为设计师们提供了更多可能性，通过其强大的功能，设计师们可以更加精准地控制建筑装饰的节能效果。同时，BIM 技术还可以帮助设计师们实现装饰效果的设计和呈现，让客户更直观地感受到建筑的魅力。

在绿色装饰方面，BIM 技术的应用也是极其重要的。通过 BIM 技术，设计师们可以对建筑材料进行更加精细的选择和分析，从而实现装饰效果的最大化和节能效

果的优化。同时，BIM 技术可以为设计师们提供建筑结构、材料特性等方面的详细信息，帮助他们做出更加准确的决策，使得建筑装饰更加环保和节能。

随着 BIM 技术的不断发展和应用，相信在未来的建筑行业中，绿色装饰将会成为主流趋势。设计师们将会更多地借助 BIM 技术来实现建筑装饰设计中的节能目标，为社会和环境做出更大的贡献。同时，随着人们对环保意识的提高，绿色装饰将会得到更广泛的应用，推动整个建筑行业向着节能环保的方向发展。BIM 技术的引入不仅能够提高设计效率，还可以为建筑装饰行业的发展注入新的活力，为未来的建筑设计带来更多可能。

（二）BIM 在能源分析和模拟中的应用

BIM 技术在能源分析和模拟中的应用十分重要，通过建立建筑模型和采集数据，可以更准确地模拟建筑的能源消耗情况。借助 BIM 技术，可以对建筑进行能源分析，找出能耗高的区域，并提出改进建议，从而实现节能减排的目的。同时，BIM 技术还可以进行能源模拟，通过对建筑材料、设备等参数进行调整，预测建筑在不同季节和气候条件下的能源消耗情况。这种能源模拟可以帮助设计师和业主在设计阶段就做出正确的决策，从而减少后期的能源消耗和维护成本。因此，BIM 技术在能源分析和模拟中的应用对于提高建筑能效和实现绿色装饰具有重要意义。

BIM 技术在能源分析和模拟中的应用还能够帮助建筑设计团队优化建筑结构和布局，以最大程度地提高建筑的能源效率。通过对建筑模型的深入分析，可以发现并解决导致能源浪费的潜在问题，进而提出有效的优化方案。BIM 技术还可以结合智能控制系统，实现建筑内部温度、照明和空气质量的实时监测和优化调控，进一步降低能源消耗并提升使用者的舒适度。

BIM 技术在能源分析和模拟中的应用还可以与可再生能源技术相结合，为建筑选择最佳的能源利用方案。通过对建筑外部环境的分析和预测，可以确定适宜的太阳能、风能等可再生能源装置的布置位置和数量，从而实现建筑的自给自足甚至发电卖电。这种综合利用可再生能源的方式不仅可以降低建筑的能源支出，还有助于减少对传统能源资源的依赖，为建筑行业的可持续发展贡献力量。

总的来说，BIM 技术在能源分析和模拟中的应用对于建筑行业实现节能减排、推动绿色发展具有深远的意义。随着技术的不断进步和应用范围的不断拓展，相信 BIM 技术在能源领域的应用将会为建筑行业带来更多的创新和突破，推动建筑行业向着更加环保、高效的方向迈进。

(三) BIM 技术在绿色材料选择中的应用

BIM 技术在绿色材料选择中的应用，是指利用 BIM 技术对绿色装饰材料进行选择和优化的过程。通过 BIM 技术，可以对不同绿色材料的性能进行数字化建模和分析，为设计师提供全面的参考信息。在绿色装饰项目中，选择合适的绿色材料对实现节能和减排具有重要意义。因此，BIM 技术在绿色材料选择中的应用可以帮助设计师更加科学地选择合适的材料，并最大程度地发挥其节能环保的效果。

除此之外，BIM 技术还可以通过建立绿色材料库，实现对各类绿色材料信息的集中管理和共享。设计师可以通过 BIM 技术快速查找和比较不同材料的性能参数，从而选择最适合项目需求的材料。同时，BIM 技术还可以通过模拟材料在实际使用过程中的性能和环境适应性，为设计决策提供依据。通过 BIM 技术的应用，设计师可以更加有效地选择绿色材料，实现绿色装饰项目的节能环保目标。

BIM 技术在绿色材料选择中的应用为绿色装饰项目的设计和实施提供了重要支持。通过 BIM 技术，设计师可以更加科学地选择绿色材料，实现节能环保的目标。未来，随着 BIM 技术的不断发展和普及，相信其在绿色装饰领域的应用将会得到进一步加强，为建筑行业的可持续发展做出更大的贡献。

通过建立绿色材料库和应用 BIM 技术，设计师可以更加方便地查找和比较各类绿色材料，以满足项目需求。实现绿色装饰项目的节能环保目标，不仅可以提高项目的性能和环境适应性，还可以为设计决策提供有力的支持。BIM 技术还可以帮助设计师模拟绿色材料在实际使用过程中的性能表现，从而更好地指导设计方案的制定和实施。

通过 BIM 技术在绿色材料选择中的应用，不仅可以提高建筑装饰项目的效率和质量，还可以降低成本和资源浪费。设计师可以更加准确地评估各种绿色材料的特性和性能，从而选择最适合项目需求的材料。这不仅可以提升建筑装饰的可持续性，还可以促进建筑行业的可持续发展和环保目标的实现。

未来，随着 BIM 技术的不断发展和普及，相信其在绿色装饰领域的应用将会变得更加广泛和深入。设计师将能够更加灵活地运用 BIM 技术，以实现更高水平的节能环保目标，为建筑行业的可持续发展做出更大的贡献。随着时间的推移，BIM 技术将继续发挥关键作用，引领绿色装饰项目向着更加环保和可持续的方向不断发展。

(四) BIM 技术在绿色建筑审计中的应用

BIM 技术在绿色建筑审计中的应用具有重要意义。通过 BIM 技术，可以实现对绿色装饰项目的全面审计和监测，为节能减排提供有力支持。在绿色建筑审计中，

BIM 技术可以帮助设计师和工程师快速获取建筑信息，优化设计方案，提高建筑的节能水平。BIM 技术还可以帮助管理人员对建筑运行情况进行实时监测，及时调整设备运行状态，确保建筑能够持续达到绿色节能的目标。总的来说，BIM 技术在绿色建筑审计中的应用，可以提高建筑节能性能，降低运行成本，并对环境保护起到积极作用。

BIM 技术在绿色建筑审计中的应用不仅可以提高建筑的节能水平，还可以帮助设计师和工程师更好地进行设计优化，从而实现更高效的能源利用。通过 BIM 技术，可以实现建筑物各部分之间的信息实时交流和同步，提高整体建筑系统的协同效率。BIM 技术可以帮助管理人员更加有效地监测建筑设备的运行状况，及时发现问题并进行处理，确保建筑始终保持最佳的节能状态。

在绿色建筑审计中，BIM 技术还可以为建筑运行维护提供全面数据支持，帮助管理人员更好地规划和执行维护计划，延长建筑设备的使用寿命，降低维护成本。通过 BIM 技术，管理人员可以实时监测建筑环境参数，及时调整空调、照明等设备运行状态，保障建筑内部的舒适性和节能性能。

BIM 技术还可以为建筑的可持续发展提供重要支持。通过对建筑运行数据进行分析和挖掘，可以帮助设计师和管理人员更好地了解建筑的能源使用情况，优化设备配置和使用方式，提高建筑的能源利用效率。通过 BIM 技术，可以实现建筑节能水平的不断提升，为建筑行业的可持续发展做出积极贡献。

（五）BIM 技术在节能监控中的应用

BIM 技术在绿色装饰中的应用情况分析中，节能是其中一个重要方面。BIM 技术在节能方面的应用十分广泛，可以通过建模和模拟的方式对建筑物的能源消耗进行精确的预测和分析。在设计阶段，通过 BIM 技术可以优化建筑结构和材料选择，提高建筑的节能性能。BIM 技术还可以实现建筑能源系统的智能化控制，提高能源利用效率。

在绿色装饰中，BIM 技术在节能监控中的应用也是至关重要的。通过建立建筑物的 BIM 模型，可以实时监测建筑的能源消耗情况，识别可能的节能问题，并及时调整建筑能源系统的运行模式。同时，BIM 技术还可以与其他智能设备和系统进行数据共享和集成，实现建筑能源系统的全面监控和管理。

BIM 技术在绿色装饰中的应用情况分析中，节能是一个至关重要的方面。通过 BIM 技术在节能方面的应用和节能监控的实施，可以有效提高建筑的节能性能，降低能源消耗，实现绿色装饰的目标和要求。未来，随着 BIM 技术的不断发展和完善，相信其在绿色装饰领域的应用将会更加深入和广泛，为建筑行业的可持续发展贡献更大的力量。

在建筑行业的不断发展和进步中,绿色装饰作为一种可持续发展的理念逐渐得到认可和推广。而 BIM 技术的应用在绿色装饰中发挥着越来越重要的作用。除了节能监控之外,BIM 技术还能在建筑设计、施工和维护管理等环节中发挥作用,为建筑行业的可持续发展提供技术支持。

在绿色装饰中,BIM 技术不仅可以帮助设计师实现创新设计理念的落地,还可以促进设计团队的协作和沟通,提高设计效率和质量。在施工阶段,BIM 技术可以实现施工过程的数字化管理和优化,减少建筑垃圾的产生,提高施工效率。在建筑维护管理方面,BIM 技术可以实现建筑设备和设施的智能化管理,延长建筑的使用寿命,减少维修成本。

除此之外,BIM 技术还可以与虚拟现实、人工智能等新兴技术相结合,实现建筑生命周期的数字化管理和全方位监控。通过数据的实时采集和分析,建筑管理人员可以及时发现和解决建筑运行中的问题,保障建筑的安全和可持续发展。

总的来说,BIM 技术在绿色装饰中的应用不仅可以带来节能效果,还可以提高建筑的设计、施工和维护管理水平,推动建筑行业向智能化、数字化和可持续发展方向发展。随着技术的不断进步和应用的不断深化,相信 BIM 技术将在绿色装饰领域展现出更加广阔的前景和应用价值。

二、BIM 技术在节水方面的应用

(一) BIM 在水资源管理中的应用

BIM 技术在水资源管理中的应用非常广泛。通过使用 BIM 技术,可以实现对水资源的精准管理和优化利用。在建筑设计和规划阶段,BIM 技术可以帮助设计师和工程师更好地考虑水资源的利用和环境保护。同时,在建筑施工阶段,BIM 技术可以实现对水资源的实时监测和管理,确保施工过程中水资源的合理利用。通过 BIM 技术,可以对建筑的排水系统进行模拟和优化设计,降低水资源的浪费和污染。总的来说,BIM 技术在水资源管理中的应用可以有效提高水资源利用效率,降低环境污染,实现可持续发展。

在实际工程中,BIM 技术的应用为水资源管理提供了更多可能性。通过建立水资源信息模型,可以对水资源进行跟踪监测和管理,实现水资源的高效利用。在建筑设计中,通过 BIM 技术可以实现对雨水收集和利用系统的设计和优化,最大程度地减少对地方水资源的依赖。同时,在建筑施工中,BIM 技术可以帮助优化设备配置和施工计划,减少施工过程中对水资源的消耗。利用 BIM 技术可以对建筑的节水设施进行仿真优化设计,提高水资源的利用效率。在建筑运营阶段,BIM 技术也可以帮助监测建筑的用水情况,及时发现并解决水资源浪费问题。总的来说,BIM 技术的应用使水资源管理更加智能化、精准化,为实现水资源的可持续利用提供了有力支持。

(二)BIM 在水循环系统设计中的应用

BIM 技术在绿色装饰中的应用情况分析:BIM 技术在绿色装饰中的应用情况得以广泛应用,为绿色装饰项目提供了全方位的支持。通过 BIM 技术,设计师可以实现对整个项目的全局把控,实现装饰设计的高效协同。同时,BIM 技术也能够帮助设计团队更好地与建筑团队协作,确保装饰设计与建筑结构之间的协调一致。在绿色装饰项目中,BIM 技术的应用不仅提高了设计效率,也提升了项目质量和可持续性。

BIM 技术在节水方面的应用:BIM 技术在绿色装饰项目中的节水方面发挥着重要作用。通过 BIM 技术,设计团队可以进行水资源的模拟分析,优化水资源利用的方案,实现对水资源的高效管理。同时,BIM 技术还可以帮助设计团队设计出更加节水的装饰方案,减少对水资源的浪费。通过 BIM 技术在节水方面的应用,绿色装饰项目可以实现资源的可持续利用,达到节能减排的效果。

BIM 在水循环系统设计中的应用:BIM 技术在水循环系统设计中的应用有助于实现水资源的可持续利用。通过 BIM 技术,设计团队可以对水循环系统进行全面的仿真模拟,优化系统设计方案,提高水资源的回收利用率。同时,BIM 技术还可以帮助设计团队设计出更加高效的水循环系统,实现对水资源的最大化利用。通过 BIM 技术在水循环系统设计中的应用,绿色装饰项目可以实现对水资源的有效管理,提高项目的可持续性和环保性。

BIM 技术在水循环系统设计中的应用还体现在提高项目的施工效率和质量上。通过 BIM 技术,设计团队可以实现施工过程的数字化管理,减少人为错误和工期延误,从而提高项目的施工效率。同时,BIM 技术可以帮助设计团队实现施工过程的全程监控和实时调整,确保项目的施工质量达到设计要求。

除此之外,BIM 技术在水循环系统设计中的应用还可以帮助设计团队实现设计方案的多维展示和优化。通过 BIM 技术,设计团队可以实现对水循环系统设计方案的三维建模和动态演示,为项目的决策提供更为直观和全面的参考。同时,BIM 技术还可以对设计方案进行多维度的优化分析,帮助设计团队找到最佳的设计方案,提高项目的设计效果和环保效益。

总的来说,BIM 技术在水循环系统设计中的应用不仅可以实现水资源的可持续利用,还可以提高项目的施工效率和质量,实现设计方案的多维展示和优化。通过不断推进 BIM 技术在水循环系统设计中的应用，可以进一步提高绿色装饰项目的可持续性和环保性，为建筑行业的可持续发展贡献力量。

（三）BIM 在水资源利用效率中的应用

BIM 技术在绿色装饰中的应用情况分析，可以看到，其中一个重要的方面就是在节水方面的应用。通过 BIM 技术的应用，设计师可以更准确地模拟和评估建筑物的水资源利用情况，从而精确地制定节水方案。BIM 技术还可以帮助设计师优化建筑物的水系统设计，使其更加高效和节水。在实际应用中，通过 BIM 技术的辅助，设计师可以更好地监控和管理建筑物的水资源利用情况，从而实现水资源的合理利用和节约。总的来说，BIM 技术在绿色装饰中的应用对提高建筑物的水资源利用效率起到了积极的作用。

BIM 技术在水资源利用效率中的应用不仅可以帮助设计师更加准确地评估建筑物的节水方案，还可以优化建筑物的水系统设计，提高水资源的利用效率。除此之外，通过 BIM 技术的辅助，设计师还可以实时监控和管理建筑物的水资源利用情况，及时发现和解决问题，确保水资源得到合理利用和节约。在绿色装饰中，BIM 技术的应用为节水提供了新的思路和解决方案，为建筑行业的可持续发展贡献了力量。通过不断地探索和实践，BIM 技术在水资源利用效率中的应用将会不断完善和发展，为人类创造更加美好的生活环境。

三、BIM 技术在环境保护方面的应用

（一）BIM 在室内环境质量控制中的应用

BIM 技术在绿色装饰中发挥了关键作用，通过在设计和施工阶段的应用，可以实现绿色环保装饰材料的选择和使用，从而减少对环境的负面影响。同时，BIM 技术可以帮助设计师和施工人员实现对室内环境质量的有效控制，提高室内空气质量和舒适度，并最终实现绿色装饰的目标。在实际项目中，BIM 技术不仅可以提高装饰设计的效率和准确性，还可以帮助设计师和施工团队更好地理解装饰材料的特性和环保性能，从而更好地选择和使用绿色装饰材料，实现对环境的保护和改善。通过对 BIM 技术在绿色装饰中的应用情况进行分析，可以更好地认识 BIM 技术在环境保护和室内环境质量控制领域的作用和意义，为未来绿色装饰技术的发展提供参考和借鉴。

BIM 技术的应用不仅可以提高室内环境质量的控制，还可以在绿色装饰方面起到重要作用。通过 BIM 技术，设计师和施工团队可以更加精准地选择绿色环保装饰

材料，减少对环境的负面影响。BIM 技术还可以帮助设计师和施工人员对室内空气质量和舒适度进行有效管理，从而实现装饰设计的绿色目标。在实际项目中，BIM 技术的运用不仅提高了设计的效率和准确性，还促进了环保装饰材料的选择和使用。通过对 BIM 技术在绿色装饰中的持续应用和优化，可以更好地实现对环境的保护和改善。这种持续不断的创新和改进，为未来绿色装饰技术的发展提供了有力支持和引导。通过不断挖掘和拓展 BIM 技术在环保领域的潜力，可以更好地推动绿色装饰技术的创新和升级，为建设更加环保和宜居的室内环境提供更多可能性。BIM 技术的应用将为绿色装饰技术的发展开辟新的道路，为实现更加可持续的建筑环境贡献力量。

（二）BIM 在园林绿化设计中的应用

BIM 技术在绿色装饰中的应用情况分析主要体现在其在环境保护方面的应用。通过 BIM 技术，可以实现对建筑物的全面信息化建模，从而在设计、建设、使用和维护过程中对资源的利用和能源的效率进行优化。同时，BIM 技术也可以帮助设计师在绿色装饰中合理选择材料和施工方式，以减少对环境的影响。在园林绿化设计中，BIM 技术可以帮助设计师更准确地模拟植物的生长和发展情况，从而在设计和维护过程中更加科学地进行植被管理。通过 BIM 技术，设计师可以更好地了解绿色植被与建筑物的互动关系，从而在设计中融入更多自然元素，实现绿色装饰的创新。BIM 技术的应用将极大地提高绿色装饰的效率和质量，为环境保护和可持续发展做出积极贡献。

BIM 技术的广泛应用正在逐渐改变园林绿化设计的方式。通过 BIM 技术，设计师可以更加准确地分析和评估植物的生长情况，从而为园林景观设计提供更为科学的支持。通过建立数字化的植物数据库和模型，设计师可以更好地了解植物的特性和需求，为绿化设计提供更为合理和可持续的方案。

BIM 技术还可以在园林建设和维护中提高效率和减少资源的浪费。通过 BIM 技术，设计师可以实现对植被和园林设施的智能化管理，有效地监测和调整植物的生长状态，提高绿化工作的效率和可控性。同时，BIM 技术还可以帮助设计师优化植物的选择和配置，从而实现园林景观设计的更加个性化和独特化。

在绿色装饰中，BIM 技术还可以帮助设计师实现对园林环境的可视化设计和呈现。通过 BIM 技术，设计师可以在数字平台上对园林景观进行虚拟建模和演示，为客户和决策者提供更加直观和具体的设计方案。同时，BIM 技术还可以帮助设计师对绿化项目进行全过程的信息化管理，提高项目的效率和质量，实现园林绿化设计的可持续发展。

总的来说，BIM 技术的应用为园林绿化设计带来了全新的机遇和挑战。设计师应积极学习和掌握 BIM 技术，不断探索其在园林绿化设计中的创新应用，为美化城市环境、促进可持续发展做出更大的贡献。BIM 技术正逐渐成为未来园林绿化设计的重要工具和趋势，值得设计师们深入研究和应用。

（三）BIM 在污染治理方面的应用

BIM 技术在污染治理方面的应用是一种重要的技术手段，可以帮助设计者更有效地管理和治理环境污染问题。通过 BIM 技术，可以对环境污染物进行精确的识别、监测和记录，从而及时发现和解决环境污染问题。同时，BIM 技术还可以通过模拟环境污染的扩散路径和影响范围，为环境保护部门的决策提供科学依据。相比传统的污染治理方法，BIM 技术具有更高的精度和效率，可以实现污染治理的精准化和智能化。在未来的环境保护工作中，BIM 技术有望发挥更大的作用，为实现环境保护和可持续发展提供更强有力的支持。

BIM 技术在污染治理方面的应用所带来的重要影响正逐渐显现出来。在实际应用中，设计者们可以利用 BIM 技术对环境污染情况进行全面的监测和分析，更准确地定位和识别污染源头，及时采取有效的措施进行治理。通过 BIM 技术的应用，环境保护工作不仅可以更加高效，也能更好地保障人们的生态环境权益。

BIM 技术还可以帮助设计者模拟各种可能的污染扩散路径及其影响范围，提供有效的决策支持和科学依据。通过模拟与分析，可以更好地评估不同治理方案的效果，从而选择出最合适的方案来解决环境污染问题。值得一提的是，BIM 技术的智能化和精准化特点使得治理过程更加有针对性和可控性，有效地降低了治理成本、提高了治理效率。

随着科技的不断进步和 BIM 技术在环保领域的广泛应用，人们对环境治理的期望也在逐渐增加。未来，随着 BIM 技术的不断发展和完善，相信其在环境污染治理方面将会发挥出更大的作用。通过不懈努力和持续创新，BIM 技术将会成为环境保护与可持续发展的强有力支持，为美丽的地球家园注入更多清新的生机。

第二节　BIM 技术在绿色装饰中的优势与挑战分析

一、BIM 技术在绿色装饰中的优势

（一）提升设计效率与精度

通过 BIM 技术，设计师可以实现数字化设计，将设计过程中的各个环节都数字

化处理，从而避免人为误差的发生。设计师可以通过 BIM 软件对建筑结构、材料、设备等进行数字化建模，并实时检测设计方案的合理性和准确性。这不仅提高了设计效率，减少了设计时间，还能够大提高设计的精度。

BIM 技术还可以实现自动化生成设计方案。设计师只需设置设计需求和参数，BIM 软件便可根据这些信息自动生成符合绿色装饰要求的设计方案。这种自动化生成设计方案的方式不仅减少了设计师的工作量，提高了设计效率，更可以避免主观因素对设计结果的影响，确保设计方案与绿色装饰的要求完全匹配。

BIM 技术还可以实现多维数据交互和实时协作。设计师可以通过 BIM 软件将设计图纸、材料信息、施工计划等多维数据进行集成，实现各个设计环节的信息共享和实时协作。这种多维数据交互的方式可以帮助设计团队更好地协同工作，减少信息传递的误差，提高设计效率和精度。

BIM 技术在绿色装饰中具有诸多优势。通过数字化设计、自动化生成设计方案和多维数据交互等方式，BIM 技术可以提高设计效率和精度，为绿色装饰的设计和施工带来更多的便利。然而，虽然 BIM 技术在绿色装饰中的应用前景广阔，但也面临着一些挑战，如软件操作技能要求高、软件费用昂贵等问题。因此，设计行业需要不断加强对 BIM 技术的推广和培训，提高设计师的专业技能，以实现绿色装饰设计的创新与发展。

设计师可以利用 BIM 软件进行实时协作，从而提升设计效率和精度。通过多维数据交互方式，设计团队可以更好地协同工作，减少误差。同时，BIM 技术还可以帮助设计师快速生成设计方案，提高设计的创新性和独特性。

除此之外，BIM 技术还可以有效地帮助设计师优化材料利用，降低资源浪费，实现绿色环保的设计理念。设计师可以根据材料信息和施工计划在软件中进行模拟，找出最佳的设计方案，从而实现设计效率和资源利用的最优化。

值得一提的是，BIM 技术在绿色装饰中的应用不仅可以提高设计效率和精度，还可以为设计师提供更多的创作灵感和可能性。设计师可以通过 BIM 软件进行虚拟仿真，快速验证设计方案的可行性，帮助设计更具前瞻性和实用性。

总的来说，BIM 技术在绿色装饰领域的应用前景广阔，可以为设计行业带来更多的便利和发展机遇。设计师们需要不断提升自身的专业技能，不断学习和掌握 BIM 技术，以实现设计创新和环保发展的目标。通过不懈努力和持续推广，BIM 技术将成为绿色装饰设计的重要工具和支持。

（二）促进协作与沟通

通过 BIM 技术的应用，各方参与者在绿色装饰项目中能够更加高效地协作和沟通。BIM技术在设计阶段可以将所有参与者的设计文件整合到一个模型中，实现实时协作和交流。设计师、建筑师、室内设计师和工程师可以在同一个平台上查看和修改设计，避免了传统设计过程中可能出现的信息不对称和误解。

BIM技术能够帮助各方在施工阶段实现更加精准的协作。施工方通过BIM模型可以清晰地了解设计意图，预先发现可能存在的问题并提前解决，减少了施工过程中的误差和变更，提高了工作效率和质量。

BIM技术还能够促进绿色装饰项目中各方在运营和维护阶段的协作。通过将建筑物信息、装饰材料信息和设备信息整合到BIM模型中，实现了装饰材料和设备的数字化管理。运营和维护人员可以通过BIM模型了解建筑物的具体情况，及时进行维护和管理，延长建筑物的使用寿命。

共享数据和信息的便利性

BIM技术的另一优势在于共享数据和信息的便利性。通过BIM模型，各方参与者可以实现实时的数据共享和信息传递，避免了传统多次传递信息可能带来的损失和误解。参与者可以通过BIM模型快速地获取所需信息，提高了决策的准确性和效率。

挑战与解决方案

然而，BIM技术在绿色装饰中的应用也面临着一些挑战。对于传统行业参与者来说，学习和适应新的技术需要一定的时间和精力投入。因此，培训和教育将是推广BIM技术的关键。

BIM技术的应用还需要统一的标准和规范。不同的软件和不同的参与者可能使用不同的BIM软件和模型，导致数据不一致和不相容。因此，建立统一的BIM标准和规范是解决这一挑战的关键。

总结

BIM技术在绿色装饰项目中的应用具有明显的优势，能够促进各方之间的协作和沟通，实现高效的合作。同时，BIM技术的应用也面临着挑战，需要不断完善和提升。通过培训和教育、建立统一标准和规范等措施，可以进一步推动BIM技术在绿色装饰领域的应用，促进行业的可持续发展。

在绿色装饰项目中，促进协作与沟通是实现项目成功的关键。除了培训和教育以及建立统一的BIM标准和规范外，还需注重团队之间的沟通与合作，确保信息传递的准确性和及时性。要加强团队成员之间的沟通和合作意识，建立良好的工作氛围和团队精神。只有通过团队之间的密切合作和沟通，才能最大限度地发挥BIM技术的优势，实现项目的高效合作。同时，还需要不断总结和分享项目经验，借鉴他人成功的经验和教训，不断提升整个团队的协作能力和沟通效率。通过不懈努力和持续改进，我们相信 BIM 技术在绿色装饰项目中的应用将会不断取得新的突破，为行业的可持续发展注入新的活力和动力。愿我们共同努力，实现绿色装饰项目的成功，为美丽家园的建设贡献力量！

(三) 改善信息共享与管理

BIM 技术在绿色装饰中的优势之一是改善了信息共享与管理。传统的装饰项目管理往存在信息不对称、沟通效率低下的问题，而 BIM 技术的引入可以使得设计师、施工方、监理单位等各个参与方之间的信息共享更加高效。通过 BIM 平台，各方可以实时查看项目的设计图纸、施工进度、材料选择等关键信息，从而减少了信息传递和理解上的偏差，提高了工程协作的效率。

另一方面，BIM 技术可以构建一个实时更新的数据管理系统，将项目中的各种信息进行整合和管理。设计师可以不断更新设计方案，施工方可以实时记录施工进度和质量情况，监理单位可以快速审查和定位问题，从而实现项目进展的及时跟踪和管理。这种实时更新的数据管理系统为绿色装饰项目提供了更加有效的管理手段，有利于保障项目的质量和进度。

BIM 技术还能够实现信息可视化，通过建模和仿真技术将项目数据呈现为直观的图形化表达。设计师可以通过三维建模软件来呈现设计方案的效果，让业主和相关参与方更直观地了解设计意图；施工方可以通过 BIM 模型进行碰撞检测和施工过程仿真，提前发现问题并进行优化，从而提高施工效率和质量；监理单位可以通过 BIM 模型来监测工程进度和质量，及时发现问题并进行整改。信息可视化的应用使得参与方能够更加直观地理解和控制项目的各个环节，有利于提高项目的整体效率和质量。

BIM 技术在绿色装饰项目中的优势主要体现在改善了信息共享与管理、构建了实时更新的数据管理系统以及实现了信息可视化。这些优势使得绿色装饰项目能够更加高效地进行设计、施工和管理，有利于实现绿色环保的目标。然而，与此同时，BIM 技术在绿色装饰中的应用也面临着一些挑战，需要不断探索和完善。接下来，我们将对 BIM 技术在绿色装饰中的挑战进行分析和讨论。

在绿色装饰项目中，BIM 技术的应用在改善信息共享与管理方面起到了重要作用。除此之外，BIM 技术还能够协助设计团队进行协同设计，实现设计方案的一体化和优化，从而提高设计效率和减少设计错误。在施工阶段，BIM 技术不仅可以进行碰撞检测和施工过程仿真，还可以用于材料和设备的预装配，减少现场浪费和提高施工质量。BIM 技术还可以帮助监理单位实现工程进度和质量的监测，保障项目的顺利进行和质量控制。

然而，BIM 技术在绿色装饰项目中的应用也存在着一些挑战。人才培养方面的不足是一个重要问题，需要培养更多熟练掌握 BIM 技术的专业人才。BIM 技术的成本较高，对于一些小型装饰公司可能存在着一定的经济压力。BIM 技术在运用过程中会遇到不同软件之间的兼容性问题，需要不断进行技术调研和应用开发。虽然信息可视化能够提升项目管理的效率，但也会带来一定的信息安全风险，需要加强数据保护和隐私保护。

面对这些挑战，需要继续加强 BIM 技术的研究和应用，促进行业标准化和规范化，加大对人才培养的支持力度，同时降低 BIM 技术的成本，提高其普及率。只有不断完善和发展，才能更好地推动绿色装饰项目的可持续发展，实现环境友好和高效节能的目标。

(四) 提高施工质量与安全性

通过 BIM 技术在绿色装饰项目中的应用，可以显著提高施工质量和安全性。BIM 技术可以帮助设计团队实现更精准的设计和规划。通过 BIM 软件，设计师可以将各种设备、材料和构件进行数字化建模，实现虚拟施工和碰撞检测。这样一来，在施工前就可以发现潜在的问题和冲突，减少现场拆除和重建的情况，提高工程的施工精度。

BIM 技术还可以帮助施工队伍有效预防安全风险。通过 BIM 技术的全面数字化建模，施工方可以提前分析施工过程中可能存在的风险点，并制定相应的应对措施。例如，在高空作业中，BIM 技术可以模拟各种施工条件，帮助施工人员更好地规划作业流程，确保工人的安全。

BIM 技术还可以提高项目的管理效率。通过 BIM 软件的使用，项目管理团队可以实时监控工程进度和质量，及时发现问题并进行调整。而且，BIM 技术还可以实现各个施工环节的协同工作，避免信息传递的延迟和误解，提高工程管理的效率和准确性。

然而，值得注意的是，尽管 BIM 技术在绿色装饰项目中带来了诸多优势，但也面临着一些挑战。BIM 技术的应用需要设计团队、施工队伍和管理团队共同配合，而且对相关人员的技术水平和专业能力也提出了更高的要求。BIM 技术的应用还需要高投入成本，包括软件购置、人员培训等方面的支出。因此，企业需要在引入 BIM 技术之前做好充分的成本预算和人员培训准备。

BIM 技术在绿色装饰项目中的应用对提高施工质量和安全性起到了至关重要的作用。通过 BIM 技术的数字化建模和虚拟施工，可以有效预防安全风险，提高施工精度，实现项目管理的高效率和准确性。与此同时，企业需要充分意识到引入 BIM

技术的优势和挑战，做好相关准备工作，才能更好地利用 BIM 技术推动绿色装饰项目的发展。

在绿色装饰项目中，提高施工质量和安全性是关键目标。除了 BIM 技术的应用，还可以通过强化施工过程中的监督检查，加强施工队伍的培训及管理，规范施工流程并制定详细的施工方案，从而提升整个施工过程的质量和安全性。引入先进的施工设备和材料，以及严格遵守相关标准和规范也是保障施工质量和安全性的有效手段。

注重项目管理的细节也是提高施工质量和安全性的重要环节。制定合理的施工计划，并确保施工现场的秩序井然，以及保证施工过程中各项工作的顺利进行和协调配合。同时，加强对施工现场的安全管理，做好安全教育和培训工作，提高施工人员的安全意识和责任心，有效避免施工中发生意外事故。

总的来说，提高施工质量和安全性是绿色装饰项目的核心目标之一，需要多方面的配合和努力。除了借助 BIM 技术的应用，还需要注重施工过程中的细节管理，加强对施工现场的监督和安全管理。只有全面提升施工质量和安全性，才能确保绿色装饰项目的顺利实施和良好的效果展示。

二、BIM 技术在绿色装饰中的挑战

（一）技术应用成本问题

在绿色装饰项目中应用 BIM 技术，需要考虑到多方面的成本。软硬件购置成本是其中之一。BIM 软件通常需要较高的购置费用，并且一些高级功能可能需要额外的许可费用。同时，为了保证软件正常运行，还需要购置适配的硬件设备，如高性能计算机或工作站。这些都是不可避免的初期投资成本。

培训成本也是一个不可忽视的因素。BIM 技术相对于传统的 CAD 软件来说，更为复杂且功能更为强大，因此需要对项目团队进行专门的培训。培训包括软件的基本操作、模型建立以及团队间的协作等方面，这些都需要耗费一定的时间和金钱。随着技术的更新迭代，培训的持续性也需要考虑进来。

技术更新维护成本也是一个长期投入。由于 BIM 技术处于不断发展和完善的阶段，软件厂商会不断推出更新版本，需要及时更新以获得更好的功能和性能。同时，软件的维护与技术支持也需要投入资金。如果没有及时更新和维护，可能会导致软件无法正常运行，影响项目的进展。

在绿色装饰项目中应用 BIM 技术，虽然存在着一定的成本压力，但是也带来了诸多优势。BIM 技术能够为绿色装饰项目提供全流程管理和优化设计，实现项目的

可持续发展。BIM技术能够实现虚拟建模和仿真分析，可以提前发现和解决设计中的问题，降低施工风险。BIM技术还可以实现信息共享和协同设计，提高团队间的沟通效率，提升项目整体效益。

然而，与优势相对应的挑战也是存在的。一方面，绿色装饰项目中的设计标准和规范相对较为复杂，需要BIM技术有着更高的要求和能力。另一方面，BIM技术的应用需要进行全员培训和技术支持，而这又需要额外的资源投入。因此，在实际应用中，如何平衡成本和效益，提高技术的ROI是一个亟待解决的问题。

BIM技术在绿色装饰项目中的应用，虽然需要面对各种成本挑战，但是其带来的优势远超过了挑战。通过合理的投入和管理，BIM技术能够为绿色装饰项目带来更高效的设计、更安全的施工和更可持续的发展，是值得进一步推广和应用的技术。

随着绿色装饰项目的不断发展和推广，BIM技术将面临更多的挑战和需求。在实践中，团队需要不断更新和提升技术水平，以适应市场的需求和发展。同时，要重视跨部门间的合作和信息共享，促进项目各方的沟通与协同，实现更快速、更高效的项目实施。随着建筑行业的数字化转型，BIM技术的应用范围将不断扩大，拓展到建筑设计、施工管理、运营维护等多个领域。因此，如何进一步降低技术应用成本，提高技术的适用性和普及率，将成为未来发展的重要课题。综合考虑到这些因素，可见BIM技术在绿色装饰项目中的作用和意义将变得更加重要和深远。只有不断推动技术的创新和应用，才能更好地实现绿色装饰项目的可持续发展目标，为建筑行业的生态建设做出更大的贡献。在未来的发展中，BIM技术将成为建筑行业的重要支柱之一，引领着行业向数字化、智能化的方向迈进，推动建筑行业的快速发展和提升。

（二）人员培训与意识问题

在实践中，BIM技术在绿色装饰项目中的应用已经取得了一定的成效。通过研究结果与讨论，可以看出BIM技术对于绿色装饰项目的贡献主要体现在以下几个方面：

通过BIM技术，可以实现对整个装饰项目的数字化管理和协同设计。设计团队可以利用BIM软件对建筑设计、材料选择、能源利用等方面进行综合考虑，从而最大程度地减少对环境的影响。BIM技术还能够实现装饰材料的可视化展示，帮助业主和设计团队更加直观地了解装饰效果，从而促进绿色装饰的实施。

BIM技术在环境保护方面也发挥了重要作用。利用BIM技术进行建模和仿真可以帮助设计团队在装饰材料选择、能源利用等方面进行优化，减少对环境的污染和资源的浪费。通过建立BIM模型，可以实现对装饰项目整体生命周期的管理，包括设计阶段、施工阶段和运营维护阶段，从而实现绿色装饰项目的可持续发展。

在应用 BIM 技术的过程中，我们也发现了一些优势和挑战。优势包括提高设计效率、减少沟通成本、降低项目风险等；挑战主要体现在技术要求高、人才不足、培训成本高等方面。因此，在推广 BIM 技术在绿色装饰项目中的应用时，人员培训和意识提升至关重要。

针对人员培训与意识问题，我们建议开展针对 BIM 技术应用的培训计划，从基础培训到专业技能提升，帮助设计团队熟练掌握 BIM 软件的操作和应用。还应该注重团队意识的培养，激发团队成员的合作意识和创新精神，共同推动绿色装饰项目的实施。

BIM 技术在绿色装饰项目中的应用具有重要意义，通过加强人员培训和意识提升，可以进一步提升绿色装饰项目的效率和质量，实现可持续发展目标。希望本研究能够为 BIM 技术在绿色装饰领域的推广和应用提供一定的参考和借鉴。

在实施 BIM 技术在绿色装饰项目中的应用过程中，人员培训和意识问题是需要着重关注和解决的关键环节。对于设计团队来说，掌握 BIM 软件的操作和应用技巧是至关重要的，只有通过系统的培训计划，才能确保团队成员能够充分利用 BIM 技术来提高设计效率和质量。

除了技术培训，团队意识的培养同样不容忽视。一个团队的凝聚力和合作精神对于项目的成功至关重要。通过激发团队成员的创新意识和合作精神，可以有效推动绿色装饰项目的顺利实施，达到预期的效果。

在实际操作过程中，可能会遇到一些困难和挑战，比如技术要求高、人才不足、培训成本高等问题。然而，只要充分重视人员培训和意识提升工作，积极采取有效措施来解决相关问题，就能够克服困难，实现项目标。

总的来说，BIM 技术在绿色装饰项目中的应用前景广阔，通过加强人员培训和团队意识的培养，可以进一步提升项目的效率和质量，推动绿色装饰领域的可持续发展。希望我们的努力能够为 BIM 技术在绿色装饰项目中的推广和应用提供有力支持，为行业发展贡献一份力量。

(三) 数据准确性与可靠性问题

在实际应用中，BIM 技术对绿色装饰项目的贡献是显而易见的。BIM 技术可以提高设计过程中的准确性和效率，通过数字化建模和仿真分析，可以更好地评估和优化建筑设计方案，以实现更高效节能的绿色装饰效果。BIM 技术可以促进不同专业团队之间信息的共享和协作，减少信息传递中的误差和遗漏，提高沟通效率，保证绿色装饰项目的整体质量和可持续性。

虽然 BIM 技术在绿色装饰中有着诸多优势，但同时也面临着一些挑战。其中，数据准确性和可靠性问题是重要的难点之一。在数据采集阶段，由于信息来源的多样性和复杂性，不同数据的一致性和完整性难以保证，导致建模过程中可能存在数据不准确或遗漏的情况。同时，在数据传输和共享环节，由于各方参与者之间的信息交流渠道不畅或不规范，也容易造成数据传输中的延误或失真，进而影响绿色装饰项目的实施效果。

为了解决数据准确性和可靠性问题，建议在实践中加强信息管理和数据规范化工作。建立统一的数据标准和规范，确保不同数据源之间的兼容性和一致性，减少数据错误和冲突的可能性。采用数据验证和审查机制，对数据进行持续监控和审核，及时发现和修正数据错误，提高数据的质量和可靠性。借助人工智能和大数据技术，利用数据挖掘和分析方法，进一步优化数据处理流程和提高数据的准确性，为绿色装饰项目的实施提供更有力的支持。

BIM 技术在绿色装饰项目中的应用前景广阔，但在实践中仍需克服数据准确性和可靠性等挑战。通过加强信息管理和数据规范化工作，不断完善数据处理流程和技术手段，相信 BIM 技术将逐步成为推动绿色装饰行业发展的重要工具和支撑。

在实践中，确保数据准确性和可靠性是至关重要的。除了建立统一的数据标准和规范，还应该注重数据的收集和录入过程。在数据验证和审查机制方面，应该建立有效的监控体系，及时反馈数据质量问题。同时，人工智能和大数据技术的运用也是提高数据准确性的有效手段。通过数据挖掘和分析，可以深入挖掘数据背后的信息，为绿色装饰项目的决策提供更加科学的依据。

数据的共享和交流也是提高数据可靠性的重要环节。各个部门之间应加强沟通和合作，确保数据的一致性和完整性。只有实现信息的畅通流动，才能有效减少数据错误和冲突，提高数据的质量。同时，在数据处理流程中，也要不断优化和改进，采取灵活多样的措施，确保数据的准确性和可靠性。

综合来看，虽然在应用 BIM 技术中面临着数据准确性和可靠性等挑战，但通过加强信息管理和数据规范化工作，以及采用先进的技术手段和方法，相信这些问题将得到逐步解决。随着绿色装饰行业的不断发展，BIM 技术将成为推动行业进步和创新的重要引擎，为实现绿色装饰项目的可持续发展提供全方位的支持和保障。

（四）跨学科协同与整合问题

在 BIM 技术在绿色装饰中的研究中，跨学科协同与整合问题显得尤为重要。在这个研究领域中，不仅需要建筑设计师和工程师的专业知识，还需要环境科学家和绿色技术专家的知识。只有通过跨学科的协同与整合，才能够实现绿色装饰领域的创新和发展。

在实际应用中，BIM 技术需要与环境保护、可持续发展等领域进行整合，以实现更高效的绿色装饰方案。这需要不同学科的专家和研究人员之间进行密切的合作与交流，共同探讨如何将 BIM 技术与绿色装饰相结合，取得更好的效果。

然而，在实际操作中，跨学科协同与整合问题也面临着一些困难。例如，不同学科之间的专业术语和方法可能存在差异，需要加强沟通和理解；同时，团队成员之间的意见可能存在分歧，需要寻找共同的合作点。

总的来说，跨学科协同与整合在 BIM 技术在绿色装饰中的研究中扮演着至关重要的角色。只有通过各学科之间的密切合作与交流，才能够促进绿色装饰领域的发展，推动 BIM 技术在环保领域的应用。

在实际应用中，BIM 技术在绿色装饰方面的应用需要借助跨学科协同与整合来实现最佳效果。环境保护、可持续发展等领域的专家和研究人员需要共同探讨如何将 BIM 技术与绿色装饰相结合，以达到更高效的结果。然而，面对这一挑战，团队成员需要加强沟通和理解，以克服不同学科之间的专业术语和方法的差异，有效整合各自的优势。在这个过程中，团队成员的分歧需要以积极的态度去寻找共同的合作点，以推动项目的顺利进行。跨学科协同与整合不仅在技术层面上起着重要作用，同时也促进了团队之间的合作与交流，从而为绿色装饰领域的创新与发展注入了新的动力。只有通过各学科之间的密切合作与协同，我们才能充分挖掘 BIM 技术在环保领域的潜力，为打造更加可持续的绿色装饰方案赋予更多可能性。

第三节 BIM 技术在绿色装饰中的未来发展趋势展望

一、BIM 技术与绿色装饰融合的前景

（一）智能化设计与数字化施工

BIM 技术在绿色装饰中的应用情况分析主要体现了其在设计、施工和管理方面的应用，为绿色装饰项目的全生命周期提供了全方位的支持。同时，BIM 技术在环境保护方面的应用，通过能耗分析、材料选择优化等功能，为节能减排提供了技术支持。在绿色装饰中的优势与挑战分析中，BIM 技术的高效性、协作性以及可视化特点被充分展现，但其与传统设计方式的差异也带来了一定的挑战。同时，面对绿色装饰领域的各种挑战，BIM 技术的发展也逐渐迎来了一些新的挑战，如数据安全、标准统一等问题。未来，随着技术的不断进步，BIM 技术在绿色装饰领域的应用范围将会得到进一步拓展，为实现绿色建筑的目标提供更强有力的支持。BIM 技术与

绿色装饰的融合还将在智能化设计与数字化施工等方面有所突破，为建筑行业的可持续发展注入新的活力。

智能化设计与数字化施工是绿色装饰领域中的重要部分，它们为项目的全生命周期提供了全方位的支持。通过 BIM 技术的应用，设计师可以实现更加精准、高效的设计，施工人员可以更好地掌控工程进度和质量。在环保方面，BIM 技术通过能耗分析和材料选择优化等功能，为节能减排提供了有力的技术支持。虽然 BIM 技术在协作性和可视化方面表现出色，但在与传统设计方式的差异中也面临着一些挑战。

随着绿色装饰领域的不断发展，BIM 技术也在不断推陈出新。然而，数据安全和标准统一等问题仍然存在，需要不断加以解决。未来，随着技术的进步，BIM 技术在绿色装饰领域的应用范围将进一步扩大，为实现绿色建筑的目标提供更多支持。

除此之外，BIM 技术与绿色装饰的结合将在智能化设计和数字化施工等方面有所突破。这将为建筑行业的可持续发展注入新的动力，促进绿色建筑的普及和发展。通过不断探索和创新，BIM 技术将在绿色装饰领域发挥出更大的作用，为建筑行业的未来带来更多可能性。

（二）跨领域技术整合和创新

跨领域技术整合和创新背景下，BIM 技术在绿色装饰中得到了广泛应用。通过分析 BIM 技术在绿色装饰中的应用情况，可以发现其在环境保护方面具有重要作用。同时，BIM 技术在绿色装饰中的优势和挑战也必须引起重视，尤其是在解决一些具体挑战方面需要更多的努力。未来，BIM 技术与绿色装饰的融合将会呈现出更加美好的前景，这需要不断跨领域技术整合与创新的推动。

在跨领域技术整合和创新的背景下，BIM 技术在绿色装饰中展现出了前所未有的潜力。其在环境保护方面的重要作用不可小觑，为建筑行业的可持续发展注入了新的活力。随着社会对绿色环保的需求不断提升，BIM 技术在绿色装饰中的应用将会更加广泛。

BIM 技术的优势在于可以实现装饰材料的精准搭配和合理利用，从而减少了能源和资源的浪费。同时，它也能够为装饰设计提供更为直观和准确的展示，使整体效果更加美观和符合环保要求。然而，在面对一些具体挑战时，如材料选择的局限性和技术人才的匮乏，我们还需要更多的努力和创新来解决这些问题。

未来，BIM 技术与绿色装饰的融合将会呈现出更加美好的前景。随着技术的不断进步和跨领域合作的加强，我们相信 BIM 技术在绿色装饰中的应用将会愈发成熟和完善。只有不断推动跨领域技术整合与创新，我们才能实现建筑行业的可持续发展和环境保护的共赢。让我们携手努力，共同创造一个更加美好和绿色的未来！

(三) 可持续发展理念的深化与实践

在现代社会中，可持续发展理念的重要性已经越来越受到关注。在建筑和装饰行业中，绿色装饰作为可持续发展的一部分，也被广泛提倡和应用。BIM 技术作为一种信息化技术，在绿色装饰中的应用也越来越受到重视。通过对 BIM 技术在绿色装饰中的应用情况进行分析，可以看出其在环境保护方面的积极作用。BIM 技术不仅能够提高装饰设计的效率和准确性，还可以帮助设计师更好地考虑环保因素，从而实现绿色装饰的目标。

然而，虽然 BIM 技术在绿色装饰中有诸多优势，但也面临着一些挑战。其中，最大的挑战之一是技术的普及和应用难度。由于 BIM 技术相较于传统的设计方法来说较为新颖，许多设计师和施工人员尚未完全掌握其操作技巧，导致其在绿色装饰中的应用受到限制。BIM 技术的成本较高，也制约了其在绿色装饰中的推广应用。

尽管 BIM 技术在绿色装饰领域面临一些挑战，但我们可以看到其未来发展的潜力和趋势。随着技术的不断进步和社会的需求，相信 BIM 技术在绿色装饰中的应用将会得到进一步的推广和完善。预计在未来，BIM 技术与绿色装饰将会更加紧密地融合，为建筑行业的可持续发展做出更大的贡献。

BIM 技术在绿色装饰中的应用情况分析显示出其在环境保护方面的积极影响。尽管存在一些挑战，但随着技术的不断进步和社会的需求，BIM 技术在绿色装饰中的前景仍然十分广阔。通过加强对可持续发展理念的深化与实践，相信 BIM 技术与绿色装饰的结合将会为我们创造一个更加美好的未来。

在当今社会，绿色装饰已经成为建筑行业的重要趋势之一。BIM 技术的高成本虽然在一定程度上制约了其在绿色装饰中的应用，但是随着人们对环保意识的提高和可持续发展理念的深化，我们相信这种局面将会有所改观。未来，随着技术的不断创新和应用，BIM 技术将逐渐成为绿色装饰的重要工具之一，推动建筑行业向更加环保、健康的方向发展。

同时，随着绿色装饰市场的不断扩大和完善，越来越多的企业和个人将会意识到采用 BIM 技术的重要性和必要性。通过 BIM 技术的应用，不仅可以提高建筑设计的精度和效率，还可以更好地实现资源的合理利用和节约。这将为建筑行业的可持续发展贡献更多的力量，推动整个产业链向着更加绿色、可持续的方向发展。

可以预见的是，未来 BIM 技术与绿色装饰的结合将会取得更大的成就。通过不断深化可持续发展理念的实践，我们可以为环境保护、资源节约和节能减排等方面做出更大的贡献。最终，我们相信 BIM 技术将在绿色装饰领域发挥越来越重要的作用，为建筑行业的可持续发展开辟更加广阔的未来。

(四)绿色装饰市场前景分析

近年来,绿色装饰市场在建筑行业中逐渐崭露头角,得到了广泛的关注和认可。BIM 技术作为一种先进的信息化技术,正在逐渐应用于绿色装饰领域。通过对 BIM 技术在绿色装饰中的应用情况进行分析,可以看出其在环境保护方面发挥了重要作用。在绿色装饰项目中,BIM 技术不仅可以实现设计方案的优化和精细化,还可以对能源利用、材料选择等方面进行有效的监控和管理。

然而,虽然 BIM 技术在绿色装饰中具有诸多优势,但也面临着一些挑战。其中包括技术标准的统一性不足、系统功能的完善性有待提高等问题,这些挑战需要不断的研究和改进。尤其是在技术更新迭代速度加快的今天,BIM 技术在绿色装饰中的应用也需要与时俱进,不断适应市场需求的变化。

尽管 BIM 技术在绿色装饰领域面临着挑战,但其发展趋势依然令人期待。未来,随着 BIM 技术的不断成熟和普及,绿色装饰市场将会迎来新的发展机遇。BIM 技术与绿色装饰的融合也将成为未来的发展趋势,为建筑行业的可持续发展注入新的活力和动力。

未来绿色装饰市场的发展前景广阔,BIM 技术的应用将为绿色装饰领域带来更多的创新和机遇,为建筑行业的节能环保事业做出更大的贡献。期待 BIM 技术与绿色装饰的融合能够为我们创造一个更加美好的生活环境。

绿色装饰市场作为建筑行业的一个重要领域,其发展潜力不可小觑。随着社会对环境保护和可持续发展的重视程度不断提高,绿色装饰市场将迎来更广阔的发展空间。与此同时,BIM 技术作为一种信息化建模工具,其在绿色装饰领域的应用也将日益深入。

在未来的发展中,随着 BIM 技术的不断升级和完善,绿色装饰市场将迎来更多的创新和机遇。通过 BIM 技术,设计师和施工方可以更加准确地模拟各种绿色装饰方案,为环保节能事业提供更有效的支持。同时,BIM 技术还能够帮助相关企业降低成本、提高效率,促进绿色装饰产业链的健康发展。

在未来的道路上,我们可以期待 BIM 技术与绿色装饰的更深程度融合,为建筑行业的可持续发展带来新的活力。通过引入智能化的设计理念和施工模式,绿色装饰市场将更加注重节能环保和资源循环利用,从而为人们创造更加健康宜居的生活空间。

总的来说,未来绿色装饰市场的发展前景是值得期待的。BIM 技术的应用将为绿色装饰领域带来更多的创新和机遇,为建筑行业的可持续发展贡献更大的力量。让我们共同期待 BIM 技术与绿色装饰的融合,为我们的生活环境带来更多美好和健康的变化。

二、BIM 技术在绿色装饰中的发展策略

(一)加强技术研发和创新

加强技术研发和创新对于 BIM 技术在绿色装饰中的应用至关重要。只有不断推动技术创新，才能更好地解决环境保护和可持续发展的问题。通过加强研发，可以不断提升 BIM 技术在绿色装饰中的应用效果，实现更高效、更环保的装饰效果。同时，技术研发还能带来更多的创新思路，为绿色装饰领域带来更多可能性。

在 BIM 技术在环境保护方面的应用中，加强技术研发和创新可以更好地实现装饰材料的资源循环利用，减少能源消耗和碳排放。技术的不断升级可以提高装饰效果的精准度和可控性，有利于减少环境污染和资源浪费。通过加强技术研发，还可以推动绿色装饰材料的创新应用，带动整个行业的可持续发展。

然而，在 BIM 技术在绿色装饰中的应用过程中，也面临着一些挑战。技术的更新换代和应用成本的高昂是当前的主要障碍。装饰行业对于 BIM 技术的接受程度和应用水平也存在差异，需要加强行业间的交流合作，共同推动技术应用的发展。因此，在未来的发展中需要加强技术研发和创新，以应对各种挑战和困难。

未来，BIM 技术在绿色装饰中的发展趋势将主要集中在技术的智能化和信息化上。随着人工智能和大数据技术的逐渐普及，BIM 技术将更好地应用于装饰设计、施工和管理中，实现装饰过程的全面数字化。同时，未来 BIM 技术的发展方向也需要更加注重环境保护和可持续发展，推动装饰行业向绿色化、智能化的方向发展。

在面对未来发展的挑战和机遇时，应当加强技术研发和创新，提升装饰行业的竞争力和可持续发展能力。只有不断推动技术创新，才能更好地发挥 BIM 技术在绿色装饰中的作用，实现绿色、环保的装饰效果。加强技术研发和创新是未来装饰行业发展的关键所在，也是实现可持续发展目标的重要保障。

面对未来，装饰行业需要不断加强技术研发和创新，以适应市场需求的变化。随着社会的发展，人们对绿色、环保的装饰需求越来越高，这也要求装饰行业不断更新技术、提升创新能力。只有不断加强技术研发，不断推陈出新，才能满足消费者对绿色装饰的需求，实现行业的可持续发展。

在未来的道路上，装饰行业还将面临更多的挑战和竞争。要想立足市场、赢得竞争，就必须围绕技术研发和创新展开工作。只有不断推动技术升级，深化创新思维，才能不断提升自身的竞争力，实现更好的发展。同时，加强技术研发和创新也是行业不断前行、走向更美好未来的必经之路。

未来，BIM 技术在绿色装饰中的应用将更加广泛，不断支撑装饰行业朝着智能

化、数字化的方向发展。通过技术研发和创新，BIM 技术将更好地服务于装饰设计、施工和管理，为行业的可持续发展注入新的动力。只有紧跟技术的步伐，不断探索创新之路，才能在激烈的市场竞争中立于不败之地。

总的来说，加强技术研发和创新是装饰行业未来发展的关键所在，也是推动行业走向绿色、智能的必由之路。只有不断追求技术提升、不断创新，才能实现装饰行业的可持续发展目标，迎接未来更加美好的发展前景。愿装饰行业在技术的浪潮中不断前行，开创更加美好的明天。

(二) 推动行业标准统一和规范制定

BIM 技术的应用对于绿色装饰行业的发展起着至关重要的作用。主要体现在环境保护方面，BIM 技术可以有效地帮助设计团队实现绿色环保的设计理念，降低对环境的影响。同时，BIM 技术的智能化和数字化特点也使得在绿色装饰中的设计、施工和管理更加高效和精准。然而，BIM 技术在绿色装饰中的应用也面临着一些挑战，比如技术人才短缺、成本高昂等问题。未来，随着技术的不断发展，BIM 技术在绿色装饰中将会有更广阔的发展空间，但同时也需要制定相关的发展策略，推动行业标准的统一和规范制定，以保证行业的健康发展。

BIM 技术的应用对于绿色装饰行业的发展是至关重要的。随着社会的不断进步和对环境保护意识的增强，绿色装饰已经成为行业的主流趋势。在这种背景下，BIM 技术作为一种创新的设计工具，为绿色装饰的发展提供了有力支持。通过 BIM 技术，设计团队能够更好地理解和应用绿色环保的设计理念，从而有效降低对环境的影响。

在绿色装饰中，BIM 技术的智能化和数字化特点为设计、施工和管理带来了前所未有的高效性和精准性。设计者可以通过 BIM 技术对建筑进行全方位的模拟和分析，从而更好地控制材料的选择、能耗的优化等方面，实现绿色环保的设计目标。同时，在施工和管理方面，BIM 技术也能够提高工作效率，减少浪费，促进项目的可持续发展。

然而，BIM 技术在绿色装饰中的应用也面临一些挑战，比如技术人才短缺、成本高昂等问题。只有通过制定相关的发展策略，推动行业标准的统一和规范制定，才能确保绿色装饰行业的健康发展。未来，随着技术的不断发展和行业的不断壮大，BIM 技术在绿色装饰中将会有更广阔的发展空间。同时，也需要行业各方共同努力，促进技术的创新和发展，推动绿色装饰行业迈向更加美好的未来。

(三)加强教育培训和人才引进

在当前绿色装饰领域，教育培训和人才引进问题是一个亟待解决的挑战。教育培训体系是否足够满足行业需求是一个重要问题。随着绿色装饰技术的不断更新和发展，现有的教育培训体系可能无法及时跟上行业的步伐，导致一些从业人员缺乏最新的技术知识和实践经验。

人才引进是否能够跟上行业发展的步伐也是一个值得关注的问题。绿色装饰行业对高素质、专业化的人才需求日益增长，而目前很多企业在招聘人才时常面临找不到符合要求的人才的困境，这影响了行业的发展和创新能力。

随着绿色装饰市场的不断扩大，行业对于各类人才的需求也在不断增加。然而，目前很多院校的教育培训课程并未充分考虑到绿色装饰的实际需求，导致学生在毕业后需要通过不断的自学和实践经验来适应行业的需求，从而增加了行业的人才引进成本和门槛。

总体来看，教育培训和人才引进问题在绿色装饰领域中是一个亟待解决的挑战。未来，行业需要加强与教育机构的合作，优化教育培训课程，提升学生的专业素质和实践能力；同时，行业也需要积极拓展人才引进渠道，吸引更多高素质、专业化的人才加入绿色装饰行业，为行业的持续发展注入新的活力和动力。

在当前绿色装饰市场需求不断增加的背景下，教育培训与人才引进之间的矛盾愈发凸显。为了解决这一难题，行业需要加大对教育机构的合作力度，建立更加贴合行业需求的教育培训体系。同时，行业也应积极寻求各种人才引进渠道，拓展人才储备的同时注入更多活力和创新力。只有通过不懈努力与合作，绿色装饰行业才能真正实现人才与市场需求的有机对接，为行业的可持续发展打下坚实基础。在未来的发展过程中，应当重视提高学生的实践能力和专业素养，引导他们更好地适应市场需求，从而为绿色装饰行业注入更多具备发展潜力的人才。随着行业不断发展，人才需求也将日益增长，因此，建立起更加完善和拓展的人才培养体系是当前亟待解决的问题。通过持续不断的改进和调整，绿色装饰行业将迎来更加美好的发展前景。

(四)加强产学研合作与知识产权保护

产学研合作一直是推动绿色装饰技术创新和发展的重要手段。在当前的绿色装饰领域，产业界、学术界和研究机构之间的合作关系并不是十分密切。虽然部分企业与大学或研究机构签订了合作协议，但合作的深度和广度仍有待加强。产业界往更注重商业利益和市场营销，而学术界和研究机构更为注重技术研发和知识创新，因此双方之间存在一定的合作壁垒。知识产权保护的问题也是当前产学研合作面临的挑战之一。

在知识产权保护方面，绿色装饰领域涉及到的技术和创新较多，知识产权的保护显得尤为重要。然而，目前存在一些问题，如部分企业对知识产权的重视程度不够，缺乏有效的保护措施；学术界和研究机构在技术创新领域的知识产权保护也存在一定的困难。同时，知识产权保护制度的不完善和执行不力也给知识产权的保护带来了挑战。

在加强产学研合作和知识产权保护的过程中，可探讨建立更加完善的合作机制和平台，促进双方资源的共享和交流；加强知识产权保护制度的建设和完善，加大对知识产权的保护力度，提高违法成本，降低侵权风险。同时，也需要提升企业和研究机构对知识产权保护的重视程度，加强人才培养，提高专业技术水平，提升自主创新能力，从根本上保护知识产权。

总的来说，加强产学研合作和知识产权保护是推动绿色装饰领域技术创新和发展的关键举措。只有促进不同领域间的合作与交流，加强知识产权保护，才能更好地推动绿色装饰技术的创新和应用，实现可持续发展的目标。希望未来在这方面能够有更多创新性的举措和政策支持，助力绿色装饰领域的发展和进步。

在当前绿色装饰领域技术创新的推动中，产学研合作和知识产权保护的重要性不可忽视。建立更紧密的合作关系，促进双方资源的有机结合，将有助于技术的跨学科传播与应用。加强知识产权保护制度的建设和完善，将为企业和研究机构提供更加稳固的创新保障，推动行业的规范发展。

同时，重视人才培养和专业技术水平的提升，将为技术创新提供更为坚实的基础。只有不断提升自主创新能力，才能在激烈的市场竞争中立于不败之地。保护知识产权不仅是企业和研究机构的责任，也是整个产业链的共同责任，只有共同努力，才能维护整个行业的发展环境。

在未来的发展中，需要不断完善知识产权保护制度，加大对侵权行为的惩罚力度，确保创新成果得到应有的尊重和回报。只有建立公平竞争的市场环境，才能真正激发企业和研究机构的创新潜力，推动绿色装饰领域技术的不断进步与完善。

产学研合作和知识产权保护是绿色装饰领域技术创新的关键支撑。通过加强合作，完善保护机制，提升专业技术水平，保护知识产权，才能实现绿色装饰技术的良性循环发展，助力行业实现可持续发展的目标。希望未来能够有更多的政策支持和创新举措，为绿色装饰领域的发展注入新的活力和动力。

（五）积极参与国际合作与交流

随着全球绿色建筑和装饰的兴起，我国绿色装饰产业也逐渐走上了发展的快车道。在国际合作与交流方面，我国与许多先进国家在绿色装饰领域展开了多层次、多形式的合作，通过交流学习先进的技术和理念，推动我国绿色装饰行业的转型升级。

与国际合作相结合的技术交流对于我国绿色装饰产业的发展具有重要意义。通过与国外公司和机构开展合作，我国企业可以引进先进的装饰技术和工艺，提高产品质量和竞争力。国际合作还可以促进绿色装饰领域的人才培养和科研能力提升，为我国绿色装饰产业的高质量发展提供有力支撑。

国际合作与交流还可以促进我国绿色装饰领域的标准与规范的国际化。通过与国际组织和标准化机构的合作，我国可以借鉴国际先进标准，提升绿色装饰产品的品质和环保性能，推动我国绿色装饰行业与国际接轨，提高我国绿色装饰产品在国际市场上的竞争力。

同时，国际合作还可以促进我国绿色装饰产业的创新发展。通过与国外企业和机构的合作，我国企业可以获取更多的市场信息和技术动向，为绿色装饰产品的研发和创新提供更广阔的视野和空间。国际合作还可以促进我国绿色装饰产业与其他相关产业的融合发展，推动我国装饰产业的全面升级和转型。

总的来说，国际合作与交流对于我国绿色装饰产业的发展具有重要意义。通过与国际先进国家的合作，我国可以引进先进技术和理念，促进绿色装饰产业的创新发展，提高绿色装饰产品的品质和国际竞争力。我国绿色装饰产业应积极参与国际合作与交流活动，与国际接轨，推动我国绿色装饰产业的快速发展，实现可持续发展目标。

在国际市场上竞争力的提升，不仅能够加强我国绿色装饰产品在全球的知名度和认可度，还可以为我国企业打开更广阔的市场空间。通过国际合作与交流，我国绿色装饰产业可以不断吸收世界各地的优秀经验和资源，加快产业发展的步伐，促进企业技术水平的提升和产品质量的改善。在国际市场上展开合作，还有助于开拓海外市场，实现企业的国际化布局和战略部署，为我国绿色装饰产业的可持续发展注入新的活力和动力。

同时，通过国际合作，我国绿色装饰产业还可以借鉴和学习国际先进技术和管理经验，不断完善自身的产品和服务体系。与国外企业的合作，不仅可以提高我国企业的生产效率和管理水平，还可以促进绿色装饰产品的不断创新和升级。在国际合作与交流中，我国绿色装饰产业可以与国际知名企业共同探讨行业发展趋势和市场需求，深化合作关系，实现优势互补和资源共享，从而更好地适应全球市场竞争的挑战。

总的来说，积极参与国际合作与交流对于我国绿色装饰产业的发展至关重要。只有不断开拓国际市场，加强与国外企业的合作，才能推动我国绿色装饰产业实现跨越式发展，走向国际舞台，树立自身的行业地位和品牌形象。通过国际合作与交流，我国绿色装饰产业将更加具备竞争力，为我国装饰产业的全面升级和向世界一流水平迈进奠定坚实基础。

第六章 结论与未来研究方向

第一节 结论总结

一、BIM 技术在绿色装饰中的应用成果

(一) 能减排效果

BIM 技术在绿色装饰中的应用成果不仅体现在设计和施工阶段的效率提升,更重要的是其在节能减排方面的显著效果。通过 BIM 技术的应用,设计师和工程师可以实时监测和分析建筑的能源消耗情况,精确地预测建筑的能耗水平,并通过优化设计方案和材料选择来实现节能减排的目标。

BIM 技术可以帮助设计团队模拟建筑在不同季节和天气条件下的能源消耗情况,从而针对性地调整建筑的朝向、外墙材料和采光设计,最大限度地减少建筑的能耗。同时,BIM 技术还可以实时监测建筑的能源消耗,及时发现能源浪费的问题,并通过智能控制系统进行调整,从而进一步提高建筑的能效。

借助 BIM 技术,设计团队可以实现设计与施工的无缝衔接,从而确保建筑材料的有效利用和减少浪费。通过 BIM 模型,设计团队可以精确计算建筑所需的材料数量和规格,并与供应商直接对接,减少材料的运输和浪费。BIM 技术还可以帮助施工团队实现精准施工,避免不必要的破坏和修复,进一步减少能源和材料的浪费。

最重要的是,通过 BIM 技术的应用,建筑团队可以实现建筑的全生命周期管理,包括设计、施工、运营和维护等各个阶段的能源消耗监测和优化。通过实时监测和数据分析,建筑团队可以精准预测建筑的运营成本和能源消耗,及时调整建筑的运行模式和设备设置,实现建筑的可持续发展。

未来研究方向

在未来的研究中,可以进一步探讨 BIM 技术在绿色装饰中的应用潜力,包括基于 BIM 的绿色设计方法与工具的开发、基于 BIM 的建筑物流管理系统的建立以及 BIM 在绿色建筑评价和认证领域的应用等方面。同时,还可以进一步研究 BIM 技术在建筑材料循环利用和环境影响评估等方面的应用,为推动绿色建筑的发展提供更有力的支持。

BIM 技术在绿色装饰中的创新研究取得了显著的成果，特别是在节能减排方面的效果。通过 BIM 技术的应用，设计团队和建筑团队可以实现设计与施工的无缝衔接，有效提高建筑的能效和节能减排效果。未来，随着 BIM 技术的不断发展和完善，相信其在绿色装饰领域的应用将会得到进一步拓展和深化，为建筑行业的可持续发展贡献更大的力量。

在绿色建筑领域，BIM 技术的应用不仅局限于减少能源消耗和排放，还可以在建筑材料的选择和利用方面发挥重要作用。通过 BIM 技术，设计团队可以更加精确地评估建筑材料的环境影响，选择更加环保和可持续的材料，从而降低建筑对环境的负面影响。同时，BIM 技术还可以帮助建筑团队优化材料的使用，减少浪费，实现建筑材料的循环利用，提高资源利用率。

BIM 技术还可以在建筑的运营和维护阶段发挥作用。通过建立基于 BIM 的建筑设施管理系统，可以实现对建筑能耗、设备运行状态等信息的实时监测和管理，帮助建筑持续保持高效运行状态，减少能源浪费。同时，BIM 技术还可以为建筑的维护保养提供便利，帮助管理团队及时发现和解决问题，延长建筑的使用寿命，进一步减少资源消耗和环境污染。

总的来说，BIM 技术在绿色装饰领域的应用潜力巨大，不仅可以在节能减排方面发挥作用，还可以涉及到建筑设计、材料选择、施工管理、设施运营等多个环节，全方位推动绿色建筑的发展。随着 BIM 技术的不断发展和完善，相信其在绿色装饰领域的应用必将迎来更加广阔的发展空间，为实现建筑行业的可持续发展作出更大的贡献。

（二）资源优化利用情况

BIM 技术在绿色装饰中的应用成果有目共睹。通过 BIM 技术，设计师可以实时监测建筑物的能源消耗情况，从而进行精准的能源管理。这有助于优化建筑物的能源利用效率，降低能源消耗，并最终实现节能减排的目标。BIM 技术可以帮助设计师在设计阶段就考虑到建筑材料的可持续性和环保性，从而在整个装饰过程中减少对资源的浪费，提高资源利用效率。

在绿色装饰项目中，资源优化利用的情况得到了进一步改善。传统的装饰项目中，常会出现资源浪费、低效利用的情况，而利用 BIM 技术可以帮助设计师实现对资源的精准管理和优化利用。例如，通过建立模型，设计师可以提前预测材料需求量，并根据实际需求进行采购和使用，避免了过多的材料浪费。BIM 技术还可以帮助设计师在装饰过程中实时监测资源的使用情况，及时调整方案，确保资源得到最大化的利用。

第六章　结论与未来研究方向

除了资源优化利用，BIM 技术在绿色装饰中的应用还带来了许多其他益处。例如，BIM 技术可以提高设计方案的精准度和可靠性，减少设计施工过程中的误差和纠正成本，提高项目的整体效率。BIM 技术还可以实现设计方案的可视化展示，帮助业主更好地理解设计意图，促进设计沟通和合作。

未来研究方向

虽然 BIM 技术在绿色装饰中的应用取得了一定的成果，但仍有许多需要进一步探索的方向。需要进一步研究如何利用 BIM 技术优化建筑材料的选择和设计，以实现更加环保和可持续的建筑装饰方案。可以探讨如何利用 BIM 技术实现建筑物的智能化管理，从而进一步提高建筑物的能源利用效率和环境友好性。还可以研究如何将 BIM 技术与其他先进技术（如 AI、物联网等）相结合，为绿色装饰项目提供更加全面和智能的解决方案。

总的来说，BIM 技术在绿色装饰中的创新研究是一个具有重要意义的领域。通过不断地探索和实践，相信 BIM 技术将为绿色装饰带来更多的创新和进步，为建筑行业的可持续发展贡献力量。

未来研究方向还可以包括对 BIM 技术在绿色装饰中的应用进行深入的社会经济效益分析，探讨其对建筑产业的发展和环境可持续性的影响。还可以进一步研究 BIM 技术在绿色装饰项目中的成本与效益关系，为决策者提供更加全面的数据支持。将 BIM 技术与建筑设计的创新理念相结合，探索如何通过设计创新来推动绿色装饰技术的发展，实现建筑行业的可持续发展目标。同时，可以考虑探讨 BIM 技术在绿色装饰过程中的协同与协作机制，促进各方共同合作，实现资源共享和信息互通，为绿色装饰项目的顺利实施提供更好的支持。未来的研究方向还可以包括对 BIM 技术在绿色装饰中的教育培训和技术推广，培养更多的专业人才，推动 BIM 技术在绿色装饰领域的广泛应用和普及。通过这些研究方向的探索与实践，可以为绿色装饰领域的发展注入新的活力，推动建筑行业向着更加环保和可持续的方向迈进。

（三）施工效率提升

在绿色装饰领域，BIM 技术的应用在提升施工效率方面取得了显著的成果。通过 BIM 技术，设计人员可以在虚拟环境中模拟和优化设计方案，从而避免施工中的设计变更，减少了施工过程中的修补和重建次数，节约了成本和时间。BIM 技术使得施工人员可以实时查看建筑模型和设计图纸，准确理解设计意图，避免了因为设计错误而导致的施工延误。BIM 技术可以帮助施工人员进行进度管理和资源分配，提高了施工计划的准确性和可靠性，从而有针对性地优化生产流程，提高了施工效率。

BIM 技术在绿色装饰中的应用还可以实现工程量的自动识别和计量，减少了人工计算的时间和错误率，提高了施工过程的效率和准确性。BIM 技术还可以实现施工过程中的设备管理和物资管理，包括设备的调度和使用情况的监控，有效节约了资源和成本，提高了施工效率。总的来说，BIM 技术在绿色装饰中的应用成果为施工效率的提升提供了有力支持。

未来研究方向

虽然 BIM 技术在绿色装饰中取得了一定的成就，但是仍然存在一些问题和挑战需要进一步研究和解决。随着智能化和数字化技术的不断发展，如何将 BIM 技术与智能建筑、绿色建筑等技术结合起来，实现更加高效、节能、环保的建筑施工和管理，是一个值得研究的方向。如何解决 BIM 技术在建筑设计和施工中的标准化和规范化问题，以及如何推广和普及 BIM 技术，使更多的建筑从业者能够享受到 BIM 技术带来的益处，也是未来研究的重要方向。

随着人工智能、大数据、云计算等技术的不断渗透到建筑行业，如何将这些新技术与 BIM 技术进行有效融合，实现建筑设计和施工的智能化、数字化、网络化，也是未来研究的重要课题。如何解决 BIM 技术在建筑装饰、室内设计等细分领域的应用问题，如何实现 BIM 技术在建筑整个生命周期中的全面应用，也是未来研究的重点之一。

BIM 技术在绿色装饰中的应用取得了显著成果，尤其在提升施工效率方面有着明显的优势。然而，仍然有许多问题和挑战需要进一步研究和解决。随着数字化技术的不断发展，相信 BIM 技术在绿色装饰领域的应用将会取得更加显著的成就，为建筑行业的可持续发展做出更大的贡献。

未来，随着技术的不断发展，建筑行业将迎来更加巨大的变革。人工智能、大数据、云计算等新技术的广泛应用，必将为建筑设计和施工带来前所未有的便利和效率。而如何将这些新技术与 BIM 技术相结合，实现建筑的智能化、数字化、网络化，将成为未来研究的焦点之一。

随着建筑行业对绿色、环保的需求不断增加，BIM 技术在绿色装饰领域的应用将愈发重要。通过 BIM 技术，可以实现施工效率的大幅提升，减少资源浪费，提高建筑装饰的质量。然而，在建筑装饰、室内设计等细分领域的应用问题仍然存在挑战，需要进一步研究和完善。

未来的研究重点之一，将是如何实现 BIM 技术在建筑整个生命周期中的全面应用。从设计到施工，从运营到维护，BIM 技术都有着巨大的潜力，可以为建筑行业带来更多的创新和效益。通过不断探索和实践，相信 BIM 技术在建筑领域的应用将会取得更加显著的成果，为建筑行业的可持续发展贡献更大的力量。

二、绿色装饰项目实践案例分析

(一) 成功案例分享

绿色装饰项目实践案例分析颇具启发性,通过对不同项目的成功案例分享,可以得到许多有益的经验和教训。成功案例分享是指将已经实施过的、以绿色装饰技术为核心的项目中的成功要素取出来供他人参考和借鉴。这些案例可以帮助我们更好地理解绿色装饰技术的应用和效果,为我们今后的实践提供宝贵的经验。在分享成功案例的过程中,我们还可以发现其中的创新之处,从而为未来的研究方向提供启示。通过成功案例分享,我们可以在实践中不断改进和完善绿色装饰项目,为实现更加可持续、节能高效的装饰效果提供有力的支持。

通过成功案例分享,我们可以看到不同项目的创新之处,以及它们在绿色装饰技术应用和效果方面所取得的成就。这些案例不仅可以为我们提供宝贵的经验和教训,还可以激发我们对未来研究方向的思考和探索。在实践中,我们可以借鉴这些成功案例中的经验,不断改进和完善我们自己的绿色装饰项目,努力实现更加可持续、节能高效的装饰效果。成功案例分享将为我们提供有力的支持,帮助我们在绿色装饰领域取得更大的进步和成就。在分享成功案例的过程中,我们也可以建立起更加紧密的合作关系,促进行业之间的交流与合作,共同推动绿色装饰技术的发展和应用。通过不断积累和分享成功案例,我们可以共同探索装饰行业的创新之路,为建设更加美丽、环保的生活空间作出更大的贡献。愿我们通过成功案例分享,共同开创绿色装饰技术发展的崭新篇章,实现更加美好的明天。

(二) 存在问题总结

存在问题总结:当前绿色装饰项目的实践案例分析中存在一些问题,需要重点关注和解决。部分项目在 BIM 技术应用过程中存在数据质量不高、模型精度不够等问题,影响了项目的效果和效率。一些项目在设计阶段对 BIM 技术的应用不够深入,导致施工和维护阶段的信息不连贯,影响了整个项目的可持续性和运营效率。缺乏统一的 BIM 标准和规范,使得不同项目之间信息交流困难,限制了绿色装饰项目的整体发展。部分项目缺乏对可持续性和环保性的考虑,使得项目在使用过程中存在一定的安全隐患和环境风险。在人才培养和技术推广方面,目前行业中缺乏专业化的 BIM 人才,导致项目在实施过程中人力资源投入不足,影响了项目的质量和效率。以上问题需要行业和研究者共同努力解决,推动绿色装饰项目在 BIM 技术的创新研究中取得更大的突破。

在当前绿色装饰项目中，存在一系列需要解决的问题。项目中常见的数据质量不高和模型精度不够的情况，严重影响了项目的实施效果和工作效率。一些项目在BIM技术的设计应用上存在不够深入的情况，导致了施工和维护阶段信息的不连贯，影响了整个项目的可持续性和运营效率。缺乏统一的BIM标准和规范也成为了制约项目发展的障碍，导致了不同项目之间信息交流的困难，限制了绿色装饰项目的整体进展。同时，一些项目在可持续性和环保性方面的考虑不够充分，导致了在项目的实际使用中存在一定的安全隐患和环境风险。对于人才培养和技术推广方面的不足也是当前行业面临的挑战，缺乏专业化的BIM人才导致项目实施过程中人力资源投入不足，进而影响了项目的质量和效率。这些问题亟待行业和研究者们共同合作努力解决，促进绿色装饰项目在BIM技术的研究创新中取得更大的突破，推动整个行业向前发展。

(三) 成功经验启示

通过对绿色装饰项目实践案例的分析可以明显看出，BIM技术在该领域的应用具有重要意义和价值。BIM技术可以帮助设计师和工程师在整个设计施工过程中实现信息共享和协同作业，从而提高工作效率并减少沟通问题。BIM技术可以帮助项目团队更好地可视化和模拟设计方案，有效避免设计错误和漏洞，确保绿色装饰项目顺利进行。BIM技术还可以实现施工过程的数字化管理和监控，从而提高施工质量和安全性，降低项目成本和风险。

在未来的研究中，可以进一步探讨如何将BIM技术与绿色装饰材料和技术相结合，实现更加环保和节能的设计理念。同时，可以加强BIM技术在整个建筑生命周期中的应用，包括设计阶段、施工阶段和运营维护阶段，形成全方位的信息化管理体系。可以研究如何通过BIM技术实现建筑与环境的智能互联，实现建筑与周边环境的协同发展和资源共享，推动绿色装饰项目向更加可持续和生态友好的方向发展。通过持续不断地研究和实践，BIM技术在绿色装饰领域的创新应用将会取得更加显著的成果，为建筑行业的可持续发展作出更大贡献。

在研究绿色装饰领域中，BIM技术的应用还可以进一步拓展至建筑物的减排设计和建筑垃圾的有效处理，以实现对环境危害的最小化。除此之外，BIM技术还可以与智能建筑系统相结合，实现建筑物能源利用效率的最大化，从而推动建筑行业向着低碳、节能、智能化的方向发展。未来的研究还可以探讨如何通过BIM技术实现建筑物的自动化运维管理，确保建筑设施的稳定运行和长期维护。可以深入研究BIM技术在建筑设计过程中的应用，探索如何通过BIM技术实现建筑设计方案的优化和效率提升，从而实现建筑物功能和美学的完美结合。通过不断的研究和实践，

第六章　结论与未来研究方向

BIM 技术在绿色装饰领域的创新应用将会为建筑行业带来更多的机遇和挑战，促进建筑业的可持续发展。

(四) 难点和挑战展望

在绿色装饰领域，我们所研究的 BIM 技术的应用是一个具有重要意义的创新。通过对绿色装饰项目实践案例的分析，我们可以看出 BIM 技术在该领域的应用带来了显著的效益和改进。然而，在实践过程中也面临着一些难点和挑战。

随着绿色装饰概念的推广和普及，对于 BIM 技术在其上的应用要求也越来越高。如何将 BIM 技术与绿色装饰理念有机结合，实现最佳效果，是当前面临的一个挑战。同时，人才培养和团队协作也是实践中的难点，需要更多的跨学科合作和专业技能的提升。

绿色装饰项目本身就存在着复杂多变的特点，如供应链管理、环保材料选择等问题都需要 BIM 技术来支持和解决。在面对这些挑战的同时，我们还需要不断探索并改进 BIM 技术在绿色装饰中的应用方法，以满足行业的需求和发展趋势。

未来，我们需要更加注重对 BIM 技术的深入研究和应用，以解决绿色装饰领域的实际问题。同时，加强与相关领域的合作，推动技术创新和产业发展，实现绿色装饰行业的可持续发展。只有不断努力和探索，我们才能取得更多的成果，为建筑行业的绿色可持续发展贡献力量。

绿色装饰领域是一个充满挑战和机遇并存的领域。除了技术和团队协作方面的挑战外，还有诸如市场需求变化、政策法规的不断调整等问题需要我们面对和解决。因此，我们需要在拓展绿色装饰项目的同时，密切关注市场动向，灵活调整策略以应对变化的环境。

同时，绿色装饰项目的供应链管理也是一个值得关注的问题。如何实现材料的可追溯、减少资源浪费等都是需要我们继续努力的方向。因此，我们需要加强与供应商的合作，优化供应链管理，确保项目的可持续性发展。

随着科技的发展，BIM 技术在绿色装饰领域的应用将会更加广泛。而如何将 BIM 技术与现有的绿色装饰理念有机结合，发挥最大效益也是我们需要不断探索和改善的方向。因此，我们需要加强技术人员的培训，提升团队整体的技术水平，以应对未来更加复杂多变的绿色装饰项目。

在未来的发展中，我们需继续深入研究和探索，加强与相关领域的合作，推动技术创新和产业发展。只有不断努力和创新，我们才能取得更多的成果，为建筑行业的绿色可持续发展贡献自己的力量。相信在未来的道路上，我们将迎来更多的挑战，也将收获更多的成长和成就。

三、BIM 技术在绿色装饰中的优势

(一) 效益和价值

在本文研究中，我们通过对 BIM 技术在绿色装饰中的应用进行深入分析和探讨，总结出了其在这一领域中的诸多优势。BIM 技术能够实现对装饰项目的全生命周期管理，包括设计、施工、运营等各个阶段的信息整合和共享，大提高了项目的整体效率和协同工作能力。通过 BIM 技术的应用，可以实现对绿色装饰设计的全方位模拟和评估，为项目的可持续发展提供了强有力的支持。BIM 技术还可以帮助设计师和工程师在项目实施过程中进行更加精准和高效的沟通和协作，有效地减少了因信息传递不畅导致的错误和重复工作，降低了项目的成本和风险。

在绿色装饰领域中，BIM 技术的应用也带来了诸多具体的效益和价值。借助 BIM 技术，设计师可以通过数字化的方式对各种装饰材料和构件进行模拟和优化，实现设计方案的精细化和个性化，提高了绿色装饰设计的创新性和可持续性。BIM 技术可以实现对装饰施工过程的全面监控和管理，确保工程质量和进度的有效控制，提高了装饰施工的整体效率和质量。通过 BIM 技术的运用，装饰项目的运营管理也可以得到有效的支持，实现对建筑物的全面信息化和智能化管理，为绿色建筑的可持续运营提供了强有力的保障。

在未来的研究中，我们将进一步探讨 BIM 技术在绿色装饰领域中的创新应用和发展趋势。我们将重点关注 BIM 技术与绿色建筑、绿色工程等领域的深度融合，探讨如何通过 BIM 技术实现装饰设计与施工的全面协同和优化，推动绿色装饰领域的创新发展。同时，我们还将关注 BIM 技术在装饰项目运营管理中的应用，探讨如何通过数字化和智能化技术实现对建筑物的全生命周期管理，为绿色装饰项目的可持续运营提供更加全面和深入的支持。通过这些研究工作，我们有信心能够为绿色装饰领域的发展贡献我们的力量，推动装饰行业的可持续发展和进步。

在绿色装饰领域，BIM 技术的应用不仅可以提高装饰设计与施工的效率和质量，还可以为绿色装饰项目的可持续发展奠定坚实基础。未来的研究将致力于探索 BIM 技术在绿色装饰领域中的更多潜力和可能性。我们将探讨如何利用 BIM 技术实现装饰材料的数字化管理和追踪，以及装饰工艺的智能化控制和优化。同时，我们还将研究如何通过 BIM 技术实现装饰项目与环境的良性互动，促进资源的高效利用和能源的节约。通过这些努力，我们相信可以为绿色装饰领域的可持续发展贡献更多新的思路和实践经验，推动装饰行业走向更加绿色、智能和可持续的未来。

(二) 环境影响及可持续性分析

通过对 BIM 技术在绿色装饰中的创新研究，我们得出结论：BIM 技术在绿色装饰中具有显著的优势。BIM 技术可以有效减少资源浪费，提高设计效率，同时降低施工成本。BIM 技术可以实现虚拟建模，帮助设计人员更直观地了解设计方案，从而优化装饰设计，提高绿色装饰效果。BIM 技术还可以实现智能化管理，对绿色装饰项目的建设、运营、维护等各个阶段进行全面监控和管理，确保实现可持续性发展目标。

在环境影响及可持续性分析方面，BIM 技术在绿色装饰中的应用有助于减少对环境的负面影响，促进可持续发展。通过 BIM 技术，可以优化设计方案，减少材料的浪费，提高能源利用效率，降低装饰过程中对环境资源的消耗，从而降低碳排放量，减少对自然环境的破坏。同时，BIM 技术还可以帮助设计人员更好地考虑绿色环保因素，促进设计理念的转变，推动绿色装饰理念的普及和推广，实现环境友好型装饰效果。

未来研究方向包括进一步探索 BIM 技术在绿色装饰中的应用，推动 BIM 技术与绿色装饰之间的深度融合，促进绿色装饰行业的可持续发展。同时，还需加强 BIM 技术在绿色装饰设计、施工、运营、维护等各个环节的应用研究，完善绿色装饰项目管理体系，提高项目的可持续性和环保性。还需要进一步拓展 BIM 技术在绿色装饰领域的应用范围，探索其在不同装饰项目中的适用性，为推动绿色装饰产业的快速发展提供技术支持和理论指导。

在当前社会环境问题日益凸显的背景下，绿色装饰已经成为建筑领域的重要发展趋势。BIM 技术的应用为绿色装饰提供了新的思路和可能性，促使设计人员在工程设计中更加注重环境保护和可持续性发展。未来的研究方向应当更加深入地探索 BIM 技术在绿色装饰中的应用，实现技术与装饰之间的最佳融合，助力绿色装饰行业的可持续发展。

对于绿色装饰项目管理体系的完善也势在必行，只有形成严密的管理体系，才能确保项目在设计、施工、运营及维护等各个环节中达到最佳的环保效果。在绿色装饰领域，BIM 技术的应用将为项目的可持续性和环保性提供更为强有力的支持。

除此之外，随着绿色装饰产业的不断壮大，BIM 技术在这一领域的应用范围也亟待拓展。探索 BIM 技术在不同装饰项目中的适用性，为不同类型的建筑提供个性化的绿色装饰解决方案，将成为未来研究的重要方向。通过不断的技术创新和探索，将为绿色装饰产业的快速发展提供更为坚实的技术支持和理论指导。

BIM 技术的应用将为绿色装饰产业带来新的发展机遇和挑战，推动整个行业向着更加环保、可持续的方向迈进。通过持续不断地研究和实践，绿色装饰行业将迎来更为美好的未来。

(三) 行业推广推动力

BIM 技术在绿色装饰中的优势主要体现在其促进行业推广方面。通过 BIM 技术，在绿色装饰领域中可以实现更高效、更精准的设计和施工过程，从而提高装饰品质和节约资源成本。同时，BIM 技术可以在整个装饰项目周期中对各个环节进行数字化管理和协同，实现信息共享和实时更新，有效避免了传统装饰中的信息孤岛和数据重复输入问题。

BIM 技术在绿色装饰中的应用还可以推动行业的技术创新和发展。通过 BIM 技术，设计师和施工人员可以在虚拟环境中进行模拟和优化，从而提高装饰效果和节能环保性能。同时，BIM 技术也为装饰企业打造了新的商业模式和服务体系，提升了行业竞争力，推动了装饰行业的数字化转型和升级。

BIM 技术在绿色装饰中的优势不仅体现在技术水准和服务质量的提升上，更重要的是推动了整个装饰行业的发展和创新。未来研究方向可以进一步探讨如何结合 BIM 技术和智能装备技术，实现装饰过程的智能化和自动化，同时也需要关注 BIM 技术在装饰施工中的规范化和标准化，推动行业技术标准的统一和提升，为绿色装饰行业的可持续发展提供更多支持。

BIM 技术在绿色装饰领域的广泛应用，为装饰行业带来了革命性的变革。通过 BIM 技术的赋能，设计师和施工团队可以更加高效地协同工作，实现装饰效果的精细化和可持续发展的目标。同时，BIM 技术也为装饰企业开拓了新的商机，提高了整个行业的创新能力和竞争力。

未来，我们可以向着更加智能化和数字化的方向发展，将 BIM 技术与智能装备技术相结合，实现装饰过程的自动化和智能化。这样不仅可以提高工作效率，同时也有助于降低人工成本，减少资源浪费，实现绿色装饰的可持续发展。

规范化和标准化是推动行业发展的关键。通过不断完善和统一 BIM 技术在装饰施工中的规范和标准，可以提升整个行业的生产效率，减少施工事故率，确保装饰工程的质量和安全性。这对于绿色装饰行业的健康发展至关重要。

BIM 技术的应用不仅在于提高装饰效果和节能环保性能，更重要的是推动了整个行业的技术创新和数字化转型。在未来的发展中，我们需要不断探索和拓展 BIM 技术的边界，与智能科技相结合，助力绿色装饰行业迈向更加可持续的发展道路。

(四)人才培养与培训

在绿色装饰领域，BIM 技术的应用为装饰项目的设计、施工、运营和维护提供了全方位的支持。其优势主要体现在以下几个方面：BIM 技术可以实现装饰设计的全过程协同，有效提高设计效率和质量，减少设计变更和误差。BIM 模型可以提供丰富的信息，如材料属性、施工艺等，为绿色装饰项目的规划和决策提供了科学依据。BIM 技术还可以实现装饰项目的数字化管理和可视化展示，为各方利益相关者提供了更直观、便捷的沟通平台。

在推动 BIM 技术在绿色装饰领域的广泛应用过程中，人才培养和培训是至关重要的环节。应该加强对相关专业人才的培养，培养具备 BIM 技术应用能力和绿色装饰专业知识的高级人才。需要建立完善的培训体系，定期组织相关人员参加 BIM 技术和绿色装饰领域的培训课程，不断提升其专业水平和技能。还应鼓励企业和高校开展产学研合作，共同探讨 BIM 技术在绿色装饰中的创新应用，推动学术研究与实际应用的结合。

BIM 技术在绿色装饰领域具有巨大的发展潜力和市场前景，人才培养和培训是实现其创新应用的重要保障。未来研究方向应该聚焦于深化 BIM 技术在绿色装饰项目中的应用实践，不断完善相关标准和规范，推动技术创新和产业升级，为建设绿色、智能、可持续的装饰环境做出积极贡献。

人才培养与培训是 BIM 技术在绿色装饰领域发展过程中至关重要的环节。通过加强相关专业人才的培养，培养具备 BIM 技术应用能力和绿色装饰专业知识的高级人才，可以有效提升行业整体水平。同时，建立完善的培训体系，定期组织专业人员参加培训课程，可以不断提升他们的专业水平和技能，使其紧跟时代发展步伐。企业和高校开展产学研合作也至关重要，通过共同探讨 BIM 技术在绿色装饰中的创新应用，可以促进行业技术的进步和实践经验的积累。

未来的研究方向应该聚焦于深化 BIM 技术在绿色装饰项目中的应用实践，不断完善相关标准和规范，推动技术创新和产业升级。只有不断创新、探索，在实践中不断总结经验，才能更好地为建设绿色、智能、可持续的装饰环境做出积极贡献。BIM 技术的应用将为装饰行业带来巨大的发展潜力和市场前景，同时也将成为推动整个行业向前发展的动力，促使行业更加智能化、环保化、可持续化。这需要我们紧密合作，共同努力，以期取得更加令人瞩目的成就。

(五)市场前景展望

BIM 技术在绿色装饰中的优势，使得整个装饰行业迎来了前所未有的发展机遇。

市场前景展望非常乐观,随着社会经济的不断发展和人们环保意识的增强,绿色装饰已经成为未来发展的趋势。通过 BIM 技术,可以实现装饰材料的智能选取和优化设计,提高装饰施工的效率和质量,节约资源减少浪费。未来,随着 BIM 技术的进一步普及和应用,绿色装饰行业将迎来更多的创新和发展,为建筑行业注入新的活力。我们有理由相信,未来绿色装饰市场的规模将会不断扩大,为整个行业带来更多的机遇和挑战。BIM 技术在绿色装饰中的创新研究将会成为行业发展的重要支撑,为实现环保、高效、可持续发展注入新的动力。

通过 BIM 技术,绿色装饰行业将迎来更多的创新和发展。智能选取装饰材料和优化设计将成为行业提升的关键,促使装饰施工效率和质量的显著提升。同时,通过 BIM 技术的广泛应用,资源的节约和减少浪费将成为行业发展的重要动力。未来,绿色装饰市场的规模有望不断扩大,为整个行业带来更多机遇和挑战。绿色装饰行业将在 BIM 技术的引领下,实现环保、高效和可持续发展。在未来的发展中,绿色装饰将继续成为建筑行业发展的重要趋势,为行业注入新的活力。我们对绿色装饰行业的未来充满信心,相信 BIM 技术的创新研究将为行业发展提供有力支持,进一步推动行业向更高水平发展。BIM 技术将在未来成为绿色装饰行业的核心竞争力,为行业带来更多繁荣和成长的机会。

四、结论总览

(一) 研究成果总结

通过本次研究,我们深入探讨了 BIM 技术在绿色装饰领域中的创新应用。在实地调研和数据分析的基础上,我们发现 BIM 技术可以有效提高绿色装饰项目的设计效率和施工质量,从而实现资源节约和环境保护的目标。通过对比实验和案例分析,我们验证了 BIM 技术在绿色装饰中的优势和潜力,为相关领域的发展提供了实用性的借鉴和指导。在本次研究中,我们还发现了一些问题和挑战,例如 BIM 技术在普及应用过程中的人才培养和技术支持等方面仍存在一定难度。为了更好地推动绿色装饰领域的创新发展,我们需要进一步深入研究和探讨 BIM 技术在实践中的应用效果和技术改进,以期为行业发展提供更为可靠的支撑和保障。通过本次研究,我们为推动绿色装饰领域的可持续发展和创新提供了一定的理论支持和实践参考,为相关领域的研究和实践工作提供了有益的借鉴和启示。愿我们的努力能够为绿色装饰领域的发展增添新的动力和动力。

在研究过程中,我们还发现了 BIM 技术在绿色装饰中的应用并非一帆风顺。在实践中,我们遇到了许多挑战和困难,例如技术更新换代的速度较快,需要不断学习和适应；同时，各行各业对于 BIM 技术的理解和应用程度也存在很大的差异，需要我们不断进行宣传和推广。绿色装饰领域的政策法规和标准体系相对薄弱，需要我们与相关部门积极合作，共同完善相关政策和标准。除此之外，人才储备和培养也是一个亟待解决的问题，我们需要加强与高校和研究机构的合作，培养更多具备 BIM 技术应用能力的专业人才。

尽管面临诸多挑战和困难，但我们坚信，BIM 技术在绿色装饰领域的应用前景依然广阔。通过不懈的努力和探索，我们相信可以克服一切困难，实现资源节约和环保目标。希望我们的研究成果能够为绿色装饰领域的可持续发展和创新提供更为坚实的基础，为环境保护事业贡献出自己的一份力量。期盼未来，我们将继续致力于 BIM 技术在绿色装饰领域的深入研究和推广应用，为行业发展注入新的活力和活力。让我们携手共进，为美丽的绿色家园添砖加瓦！

(二) 完善性和延伸性建议

在本研究中，通过对 BIM 技术在绿色装饰中的应用进行研究和分析，我们得出了一些重要的结论。BIM 技术在绿色装饰中的应用可以有效提高设计和施工效率，减少资源浪费，实现绿色可持续发展的目标。BIM 技术可以帮助设计师和工程师更好地协作，提高设计方案的质量和可行性。本研究还发现，BIM 技术在绿色装饰中的应用还存在一些挑战，如技术标准不统一、人才培养不足等问题。

综合以上结论，我们认为有必要进一步完善 BIM 技术在绿色装饰中的应用。需要加强技术标准的制定和推广，以确保各个环节的高效协作。应加大对人才培养的投入，培养更多具有 BIM 技术应用能力的专业人才。还可以进一步探讨 BIM 技术与其他前沿技术的融合应用，为绿色装饰领域的创新提供更多可能性。

在未来的研究中，还可以考虑深入探讨 BIM 技术在绿色装饰中的具体应用案例，以及与传统装饰方法的比较分析。同时，也可以研究 BIM 技术在绿色建筑设计中的应用，进一步探讨其在可持续发展方面的潜力。希望通过这些努力，能够推动绿色装饰领域的发展，为建设美丽家园贡献力量。

在完善性和延伸性建议方面，我们还可以进一步研究 BIM 技术在绿色装饰领域的可持续性和环保性能。同时，可以探讨如何通过 BIM 技术实现材料资源的有效利用和再生利用，以降低装饰过程对环境的影响。还可以深入研究 BIM 技术在装饰施工过程中的实际应用效果，为提高工程施工质量和效率提供更多参考依据。

除此之外，我们也应该关注 BIM 技术在绿色装饰中的普及推广问题。需要积极探讨如何降低技术应用的门槛，提高从业人员的接受度和应用能力。同时，应该加强对 BIM 技术在绿色装饰中的宣传和推广，促进行业内各方力量的合作与共建，实现技术在实践中的最大效益。

未来的研究还应该注重 BIM 技术在绿色装饰中的智能化应用，探索如何结合人工智能、大数据等前沿技术，为绿色装饰提供更多创新解决方案。同时，还可以拓展 BIM 技术在建筑装饰设计中的应用领域，探讨其在景观设计、室内装饰等方面的潜在作用和应用场景。希望通过不断的研究和实践，可以推动 BIM 技术在绿色装饰领域的全面应用和发展，为建设更加环保和可持续的生活空间贡献一份力量。

（三）未来发展方向

未来发展方向：在绿色装饰领域中，BIM 技术将继续发挥重要作用。未来的研究可以重点关注以下方向：

搭建完善的 BIM 平台，实现与绿色装饰相关软件的深度融合，提高 BIM 在绿色装饰项目中的应用效率和精度。

拓展 BIM 技术在可持续建筑设计领域的应用，探索 BIM 与绿色装饰相结合的新模式和新方法，促进建筑行业向更可持续发展方向转型。

深化 BIM 技术在绿色装饰施工阶段的应用，引入虚拟现实、增强现实等技术，提升施工过程中的效率和安全性，推动绿色装饰项目的可持续发展。

加强 BIM 技术在绿色装饰运营管理方面的应用研究，结合物联网、大数据等技术，实现对绿色装饰项目全生命周期的监控和管理，为建筑环境的优化提供更多可能性。

建立 BIM 技术在绿色装饰领域的标准规范体系，推动 BIM 技术在绿色装饰行业的普及和规范化，促进我国绿色建筑产业的发展和壮大。

未来发展方向将会更加侧重于 BIM 技术在绿色装饰项目中的全面应用，特别是在设计、施工和运营管理等各个阶段的综合利用。随着科技的不断发展和创新，我们可以预见到 BIM 技术将会与人工智能、区块链等领先技术相结合，进一步提升绿色装饰项目的效率和质量。同时，随着社会对环保和可持续发展的重视程度不断提高，BIM 技术在绿色装饰领域的应用也将更加深入，为建筑行业的转型升级注入新的动力。

在未来，BIM 技术将不仅局限于建筑设计，在绿色装饰项目中还将涉及到材料选择、能源利用、环境保护等方面，通过实时数据分析和模拟仿真，为项目决策提供更科学、更准确的依据。同时，BIM 技术还将深化在绿色装饰施工阶段的应用，借助虚拟现实和增强现实技术，实现施工过程的数字化管理和智能化监控，从而提高施工效率和安全性。

BIM 技术还将在绿色装饰项目的运营管理方面发挥重要作用，通过物联网、大数据等技术的结合，实现对项目全生命周期的全面监控和管理，为建筑环境的优化提供更多可能性。同时，建立 BIM 技术在绿色装饰领域的标准规范体系也是未来的重要发展方向，促进 BIM 技术在绿色装饰行业的普及和规范化，推动我国绿色建筑产业的健康发展。通过不懈的努力和创新，BIM 技术必将成为绿色装饰领域的重要支撑，为建筑行业的可持续发展贡献力量。

五、对未来研究的启示

(一) 国内外绿色装饰研究趋势分析

随着人们对环境保护和可持续发展的关注增加，绿色装饰作为一种环保的装饰方式，受到了越来越多的重视。国内外绿色装饰研究的趋势也日益明显。在国内，越来越多的学者开始关注绿色装饰的创新技术和应用，致力于将 BIM 技术与绿色装饰相结合，以实现绿色装饰的可持续发展。同时，国内的绿色装饰企业也越来越重视环保理念，积极推动绿色装饰的发展。在国外，绿色装饰的研究也取得了一些进展，一些发达国家已经将绿色装饰作为政策的一部分，鼓励企业和个人采用环保的装饰材料和技术。

从国内外绿色装饰研究的趋势看，未来的研究方向主要集中在以下几个方面。绿色装饰与 BIM 技术的结合将是未来研究的重点之一。BIM 技术可以提供全方位的信息和数据支持，有助于绿色装饰项目的规划、设计和施工，提高装饰效率和品质。绿色装饰材料的研究和应用也是未来的研究方向之一。绿色装饰材料具有环保、健康和美观的特点，但在应用过程中仍存在一些技术难题需要解决。绿色装饰标准和认证体系的建立也是未来研究的重要方向之一。标准和认证体系可以规范和推动绿色装饰产业的发展，促进行业的健康竞争和可持续发展。

国内外绿色装饰研究的趋势明显，未来的研究方向具有广阔的发展空间。我们有必要利用 BIM 技术创新研究绿色装饰，在绿色装饰材料、标准认证和其他方面继续深入探索，为推动绿色装饰产业的健康发展做出更多贡献。希望通过不懈的努力和合作，共同推动绿色装饰研究的发展，为环保和可持续发展做出更大的贡献。

近年来，随着人们环保意识的不断增强，绿色装饰研究的重要性日益凸显。在国内外绿色装饰领域，学者们不断开展创新研究，探索各种绿色装饰材料的特性和应用。他们努力提高装饰效率和品质，致力于解决绿色装饰中存在的技术难题，推动绿色装饰标准和认证体系的建立。

在未来的研究中，我们可以进一步探讨绿色装饰材料的可持续性与环保性，探索新型绿色材料的开发和应用。同时，我们也可以关注绿色装饰的设计理念和施工技术，推动绿色装饰产业的健康发展。建立起更加完善的绿色装饰标准体系和认证机制，将是我们未来努力的方向之一。

在这个过程中，BIM 技术的应用将起到关键作用，可以帮助我们更好地实现绿色装饰项目的规划和设计。同时，我们也需要加强产学研合作，推动绿色装饰研究成果的转化和应用，为环保和可持续发展贡献更多力量。

总的来说，国内外绿色装饰研究在未来具有广阔的发展空间，我们有必要不断探索创新，共同推动绿色装饰产业向着更加环保、健康和美观的方向发展。希望通过我们的努力和合作，可以为绿色装饰研究的发展做出更大的贡献，为建设美丽而可持续的生活环境努力奋斗。

（二）可借鉴研究方法回顾

研究方法回顾部分系统地总结了当前关于 BIM 技术在绿色装饰领域中的研究方法及应用情况。在文献回顾中我们发现，研究者们普遍采用了案例分析、问卷调查、实地调研等定性与定量研究方法，结合了 BIM 技术的原理与应用。通过对这些方法进行回顾，我们可以发现已有研究中的优点与不足之处，为未来研究提供参考和启示。

结论部分提出了 BIM 技术在绿色装饰中的创新研究对于实现绿色、可持续发展具有重要意义，技术在装饰领域中的应用不断拓展，为行业发展带来新的机遇与挑战。通过回顾已有研究方法及结果，我们可以看到 BIM 技术在绿色装饰中的应用潜力巨大，但同时也需要加强不足之处的改进，为未来研究提供更加全面、深入的视角和方法。

对未来研究的启示部分提出了针对当前研究存在的问题与挑战，建议未来研究应进一步探索 BIM 技术在绿色装饰中的创新应用与效果评估，结合实际案例深入研究，为实际工程运用提供更加科学、可靠的支持。同时，还应结合社会经济发展趋势，探索 BIM 技术在绿色装饰领域中的未来发展方向，为行业健康发展提供战略指导和技术支持。

通过对 BIM 技术在绿色装饰领域的研究方法回顾，我们可以清晰地看到其在实现绿色、可持续发展中所具备的重要意义。过去的研究已经揭示了 BIM 技术在装饰领域中的创新应用所带来的巨大潜力，同时也指出了一些存在的不足之处需要进一步加以改进。

未来的研究应当致力于进一步深入探讨 BIM 技术在绿色装饰中的创新应用和效果评估。通过结合实际案例进行深入研究，可以为实际工程运用提供更加科学和可靠的支持。应当紧密结合社会经济发展趋势，不断探索 BIM 技术在绿色装饰领域中的未来发展方向，为整个行业的健康发展提供重要的战略指导和技术支持。

在未来的研究中，还可以着重关注BIM技术在绿色装饰中的建模与模拟方法，寻求更加精准和有效的技术应用路径。同时，可以探讨BIM技术在绿色装饰设计中的协同作用，促进不同专业领域间的信息共享和协同工作，提高设计效率和质量。

BIM技术在绿色装饰中的应用前景广阔，但仍需要更深入的研究和发展。通过不断的探索和实践，可以让BIM技术在绿色装饰领域中发挥更大的作用，推动整个行业走向更加绿色、可持续的发展道路。

(三) 跨学科合作和跨地域交流建议

在本文中，通过对BIM技术在绿色装饰中的创新研究，我们发现BIM技术在提高绿色装饰效率、降低成本、优化设计方案等方面具有巨大潜力。未来的研究应该更加注重BIM技术在绿色装饰领域的应用和推广，同时也需要进一步完善BIM技术在绿色装饰中的具体实践方法和理论基础。

未来的研究可以更深入地探讨BIM技术在绿色装饰中的具体应用场景和效果，以及如何进一步提升BIM技术在绿色装饰领域的实际效用。还可以关注BIM技术在绿色设计中的可持续发展策略和未来发展趋势，为绿色装饰行业的发展提供更多有益的参考。

未来的研究可以积极倡导跨学科合作，将建筑学、工程学、计算机科学等领域的专业知识融合在一起，共同推动BIM技术在绿色装饰领域的创新和发展。也需要促进跨地域交流，吸收和借鉴国外先进的绿色装饰技术和理念，为我国绿色装饰行业的发展注入新的活力和动力。

未来的研究也可以探讨如何将人工智能技术与BIM技术结合，提升绿色装饰设计的智能化水平。还可以重点关注建筑物能源利用效率和环保指标的提升，探讨如何通过BIM技术优化建筑物的能源消耗，减少环境污染。同时，还应该重视与设计师、施工方、业主以及政府部门之间的协作，共同探讨BIM技术在绿色装饰中的推广和应用，促进整个产业链的协同发展。在发展的道路上，需要不断拓展视野，借鉴和学习国际先进的绿色装饰理念和实践经验，以实现我国绿色装饰领域的可持续发展。最终，通过跨学科合作和跨地域交流的积极推动，可以为绿色装饰行业的未来发展开辟更加美好的前景，实现环保与可持续发展的双赢局面。

第二节 未来研究方向

一、BIM 技术在绿色装饰中的深入研究

(一) 小尺度模型应用探索

本研究通过对 BIM 技术在绿色装饰中的应用进行了探索，发现小尺度模型在该领域中具有巨大的潜力。未来研究可以进一步深入探讨小尺度模型在绿色装饰中的应用，探索其在设计、施工和运营阶段的具体作用。这将有助于提高建筑项目的绿色性能，并为设计师和工程师提供更多的可持续发展解决方案。通过结合 BIM 技术和小尺度模型的优势，可以实现绿色装饰领域的创新研究，为建筑行业的可持续发展做出贡献。

在小尺度模型应用探索的基础上，可以进一步探讨如何通过集成多种数字技术来优化绿色装饰的设计和实施过程。例如，利用虚拟现实和增强现实技术，设计师和工程师可以在真实环境中模拟和评估不同装饰方案的效果，从而提前发现潜在问题并进行调整。结合人工智能技术，可以实现自动化设计和施工过程，提高效率并减少人为错误。在建筑物运营阶段，可以利用物联网技术对绿色装饰材料和设备进行监控和管理，实现智能化运营和节能降耗。

除了技术手段，还可以考虑引入跨学科合作，将建筑设计、工程施工、室内装饰等各方面的专业知识进行整合。通过团队合作的方式，可以充分挖掘小尺度模型在绿色装饰中的应用潜力，实现跨界创新和共享经验。还可以通过举办研讨会、培训班等活动，促进行业间的交流与合作，推动绿色装饰领域的发展与进步。

在持续研究和探索的过程中，不仅可以不断完善绿色装饰技术和标准，还可以为社会提供更多的可持续发展解决方案。通过推动技术创新和经验分享，可以为建筑行业的可持续发展做出更大的贡献，促使绿色装饰成为未来建筑发展的主流趋势。通过不懈努力和合作，可以实现绿色装饰领域的持续创新与进步，为构建更美好的生态环境贡献力量。

(二) 大数据分析与应用

在本研究中，我们探讨了 BIM 技术在绿色装饰领域的创新应用，通过对相关文献的分析和案例研究的梳理，我们总结了 BIM 技术在绿色装饰中的重要作用和应用前景。未来的研究可以进一步深入研究 BIM 技术在绿色装饰中的具体应用，探讨如何通过 BIM 技术实现绿色装饰材料的高效利用和环境友好设计。我们还可以借助大

数据分析技术，结合 BIM 技术，开展绿色装饰领域的前沿研究，为推动建筑行业的可持续发展做出贡献。通过深入研究 BIM 技术在绿色装饰中的应用，可以为建筑行业的绿色发展提供科学依据和技术支持，推动我国建筑行业向绿色、可持续的方向发展。

通过大数据分析技术的应用，可以更好地理解绿色装饰领域的需求和趋势。大数据分析可以帮助我们挖掘出隐藏在海量数据中的有价值信息，为绿色装饰材料的选择和设计提供科学依据。借助大数据技术，我们可以实现对环境友好材料的筛选和利用，从而促进绿色装饰的发展和推广。

除了结合 BIM 技术和大数据分析技术，研究人员还可以探索如何将人工智能技术应用到绿色装饰中。人工智能可以对建筑环境进行智能监测和管理，实现对绿色装饰效果的实时评估和优化。通过人工智能技术，我们可以更好地与建筑环境进行交互，提升绿色装饰的实用性和舒适性。

未来的研究还可以关注绿色装饰在不同地域和气候条件下的适用性和可持续性。通过对不同地区的绿色装饰案例进行比较和分析，可以为建筑行业提供更具有针对性和实用性的绿色设计方案。同时，加强绿色装饰材料的研发与创新，推动绿色装饰技术的发展和应用。

综合来看，结合 BIM 技术、大数据分析技术和人工智能技术，开展绿色装饰领域的前沿研究将为建筑行业的可持续发展提供重要支持。通过不断的探索和创新，我们可以实现建筑行业向更加绿色、环保和可持续的方向迈进，为建设美丽中国做出积极贡献。

（三）虚拟仿真技术发展

虚拟仿真技术是当前建筑领域中一个备受关注的技术方向，其在 BIM 技术中的应用尤为突出。通过虚拟仿真技术，可以实现对建筑装饰效果的真实模拟和展示，使设计师和业主更直观地了解装饰效果，并在早期阶段及时发现问题并进行调整。随着虚拟仿真技术的不断发展和完善，其在绿色装饰领域的应用也将更加广泛。未来，研究者可以进一步深入探讨虚拟仿真技术在绿色装饰中的具体应用方式，优化其在设计、施工和运营阶段的效果，提高绿色装饰的效率和质量。

在绿色装饰领域，BIM 技术作为数字化设计和建造的重要工具，已经得到了广泛的应用。通过 BIM 技术，设计师可以实现对装饰材料、设备、光照等多方面的模拟和分析，从而实现对绿色装饰效果的科学评估和优化。未来，研究者可以在 BIM 技术的基础上进一步探讨如何实现装饰效果与绿色环保理念的有机结合，提高建筑装饰的可持续性和环保性，为建筑行业的发展注入新的活力和动力。

虚拟仿真技术和 BIM 技术在绿色装饰中的应用具有巨大的潜力和优势,可以有效提高装饰效果的品质和绿色环保的程度。未来的研究方向应当着重于深入探讨虚拟仿真技术和 BIM 技术的发展趋势和在绿色装饰领域中的具体应用方式,为建筑装饰的发展和推广提供更加科学和有效的支持。希望通过今后的研究工作,可以为建筑行业的可持续发展和绿色装饰的普及做出更大的贡献。

虚拟仿真技术发展的关键是能够对装饰材料、设备和光照等多方面进行详细的模拟和分析,从而实现对绿色装饰效果的科学评估和优化。在这个基础上,未来的研究者可以继续探讨如何将装饰效果与绿色环保理念有机结合,进一步提高建筑装饰的可持续性和环保性。通过不断深入探讨虚拟仿真技术的应用,可以为建筑行业注入新的活力和动力。

从另一个角度来看,虚拟仿真技术在绿色装饰中的应用也能够为设计师和建筑师提供更多的创作灵感和可能性。通过虚拟仿真技术,他们可以在设计阶段就能够模拟不同装饰效果的实际展示,更好地展现设计理念和实现客户需求。这种前瞻性的技术应用不仅能够提高设计效率,还能够为建筑装饰领域带来更多的设计可能性和创新方向。

虚拟仿真技术的不断发展也将推动建筑行业的数字化转型和智能化发展。通过将虚拟仿真技术与 BIM 技术相结合,可以实现建筑装饰过程中的数字化管理和智能化控制,更好地实现建筑装饰的精细化和个性化。未来,随着虚拟仿真技术的不断完善和应用,建筑装饰行业将迎来更加多样化和个性化的发展趋势,为建筑行业的可持续发展和绿色装饰的普及提供更多可能性与机遇。

(四)人工智能与绿色装饰结合

在 BIM 技术在绿色装饰中的创新研究中,人工智能与绿色装饰结合成为一个备受关注的领域。通过利用人工智能技术,可以更好地实现对建筑设计和装饰过程的智能化管理和优化。未来的研究应当深入探讨如何将人工智能技术与绿色装饰相结合,以实现更高效、更环保的装饰设计和施工过程。这一研究方向不仅有助于提升装饰设计和施工的效率和质量,也可以为建筑行业的可持续发展做出重要贡献。因此,未来的研究应当重点关注人工智能与绿色装饰结合的技术创新和应用实践,以推动行业的发展和进步。

在绿色装饰领域,人工智能的应用正在逐渐成为研究的热点。通过人工智能技术,可以实现建筑设计和装饰过程的智能管理和优化,为装饰设计和施工带来更多可能性。未来的研究可以探讨如何将人工智能技术与绿色装饰相结合,以进一步提高设计效率和质量。

第六章　结论与未来研究方向

人工智能在绿色装饰中的应用，不仅有助于加速装饰设计和施工过程，也可以减少资源浪费和环境污染。通过人工智能的智能化管理，可以实现更加精准的装饰方案和施工计划，提高装饰效果的可持续性和美观度。同时，人工智能还可以通过数据分析和模拟等技术手段，为绿色装饰提供更具创新性和实用性的解决方案。

未来的研究方向应当聚焦于人工智能与绿色装饰的技术创新和应用实践，以推动行业的发展和进步。通过不断探索和实践，可以为建筑行业的可持续发展注入新的活力和动力，推动绿色装饰理念的深入发展和推广。人工智能与绿色装饰的结合将成为未来建筑行业的重要发展方向，为实现建筑装饰的高效、环保和美观提供更多可能。

（五）空间优化设计探讨

通过对BIM技术在绿色装饰中的创新研究，我们得出了一些结论，并对未来的研究方向提出了一些启示。未来的研究方向应该是深入探讨BIM技术在绿色装饰领域的应用，特别是在空间优化设计方面。空间优化设计是一个重要的领域，通过BIM技术，我们可以实现更加精准和高效的设计过程，从而为绿色装饰提供更好的解决方案。因此，未来的研究应该重点关注如何利用BIM技术实现空间优化设计，从而进一步推动绿色装饰行业的发展。通过不断深入研究，我们可以不断提升设计水平，为绿色装饰领域的可持续发展做出更大的贡献。

在绿色装饰领域，空间优化设计的重要性不可忽视。通过BIM技术的创新应用，我们可以进一步提升设计效率和精度，为绿色装饰提供更加优质的解决方案。未来的研究方向应该侧重于深入研究如何利用BIM技术实现空间优化设计，从而推动绿色装饰行业的不断发展。通过持续的探索和实践，我们可以不断完善设计水平，为绿色装饰领域的可持续发展做出更多的贡献。

空间优化设计不仅可以提高设计效率，还可以为绿色装饰项目节约成本和资源。通过BIM技术，设计师可以更好地理解空间需求，优化布局，提高空间利用率，实现更加高效和环保的设计方案。未来的研究应该继续深入探讨如何在绿色装饰领域中实现空间优化设计，挖掘BIM技术在这一领域中的潜力，不断推动行业的创新与发展。

除此之外，空间优化设计还可以提升用户体验和舒适度，为居住者创造更加宜居的环境。通过BIM技术的应用，设计师可以更加准确地预测空间效果，优化设计方案，实现个性化定制，满足不同用户的需求和偏好。未来的研究方向应该继续关注如何结合空间优化设计和用户体验，通过BIM技术为绿色装饰项目打造更加人性化和智能化的空间设计，为社会和环境带来更多的价值和意义。

二、绿色装饰标准与政策研究

(一) 国内外绿色装饰标准比较

绿色装饰作为一种环保理念在建筑设计领域中得到越来越广泛的应用，因此各国纷制定了相应的绿色装饰标准和政策，以规范和推动这一领域的发展。通过比较国内外的绿色装饰标准，可以发现各国在绿色装饰领域的发展水平和重点有所不同。在国内，绿色装饰标准主要围绕节能减排、环保材料使用、室内空气质量等方面展开，强调绿色环保理念在装饰设计中的具体应用。

然而，从国外绿色装饰标准的比较中可以看出，一些发达国家在绿色装饰领域的标准更加严苛和完善，不仅包括了装饰材料的环保性能，还包括了装饰设计的可持续性和整体环境影响评估。这种全面、系统的绿色装饰标准体系有助于提升建筑装饰的绿色水平，推动建筑行业向着更加环保和可持续的方向发展。

未来的研究方向应当重点关注国内外绿色装饰标准之间的差异与共同点，通过深入比较研究，借鉴国外先进的绿色装饰标准和政策，促进我国绿色装饰标准的进一步完善和提高，推动绿色装饰的广泛应用和推广。同时，还可以从绿色装饰对建筑环境、人体健康等方面的影响进行深入研究，探讨如何通过绿色装饰来改善室内环境质量，提升人们的生活品质。通过持续不断的研究和探索，可以为绿色装饰领域的发展和实践提供更加有力的支持和指导。

国内外绿色装饰标准的比较是当前建筑装饰领域研究的热点之一。通过对各国绿色装饰标准的深入比较研究，我们可以看到不同国家在环保性能、可持续性和环境影响评估等方面的差异和共同点。这种比较研究不仅可以促进我国绿色装饰标准的进一步提高与完善，也有助于推动绿色装饰的广泛应用和推广。

未来的研究方向可以继续关注国内外绿色装饰标准之间的差异，同时也可以探讨各国在绿色装饰政策和实践中的特点与优势。通过借鉴国外先进的绿色装饰标准和政策，我们可以不断吸取经验和教训，推动我国绿色装饰标准的不断提升，进一步推动绿色装饰的发展和普及。

绿色装饰对建筑环境和人体健康的影响也是一个重要的研究领域。未来的研究可以深入探讨绿色装饰如何改善室内环境质量，提升人们的生活品质，进而促进建筑行业朝着更加环保和可持续的方向发展。通过持续不断的研究与探索，我们可以为绿色装饰领域的实践与发展提供更加有力的支持与指导，推动建筑行业向着更加绿色、健康和可持续的方向迈进。

(二)政策法规与行业规范解读

本文通过对 BIM 技术在绿色装饰中的创新研究，提出了一些重要的结论。在未来的研究中，我们也可以看到一些启示性的信息。基于这些结论和启示，未来的研究方向也将更加明确。其中，绿色装饰标准与政策研究是一个非常重要的方向，我们需要更深入地了解相关标准和政策对行业的影响。政策法规与行业规范解读也是一个需要深入研究的领域，通过解读相关政策法规，我们可以更好地指导行业的发展。希望未来的研究可以在这些方向上取得更多的成果，为绿色装饰行业的发展做出更大的贡献。

从政策法规与行业规范的角度来看，绿色装饰的未来发展方向值得我们深入研究。在当前环境污染日益严重的情况下，政策法规对于绿色装饰的规范和引导显得尤为重要。而行业规范的解读则可以帮助我们更好地把握行业的发展趋势，了解市场需求，进而推动绿色装饰行业的可持续发展。

在绿色装饰标准与政策研究的基础上，我们可以进一步深入探讨如何将实际操作与政策法规相结合，实现绿色装饰理念的落地。通过对政策法规的解读，我们可以发现其中蕴含的潜在发展机会，并据此调整和优化绿色装饰行业的发展策略。还可以从政策法规的角度审视绿色装饰中存在的问题和挑战，积极探索解决之道，推动行业持续健康发展。

未来的研究方向将更多关注绿色装饰标准与政策的演进趋势，深入挖掘其中的潜力和机遇。同时，政策法规与行业规范的解读也将成为研究的热点，为行业的规范化发展提供有力支撑。希望未来的研究不仅可以在学术上取得更多的成果，更能够为实践中的绿色装饰行业带来可持续的发展动力，为环境保护和可持续发展贡献更多力量。

(三)企业社会责任与可持续发展

企业社会责任与可持续发展对于绿色装饰领域的研究具有重要意义。未来研究可深入探讨企业在绿色装饰中承担的社会责任，以及企业在可持续发展方面的举措和贡献。同时，研究者也可以关注企业在绿色装饰中的利益相关者管理策略和实践，探讨企业与社会、环境之间的平衡与协调关系。研究者还可以探讨企业参与绿色装饰所面临的挑战和机遇，以及企业在可持续发展道路上的创新与改进之处。在未来的研究中，可以结合企业社会责任和可持续发展理论，深入探讨企业在绿色装饰中的角色和作用，为推动绿色装饰的发展提供理论支持和实践指导。

企业社会责任与可持续发展对于绿色装饰领域的研究具有重要意义。未来的研究可以探讨在绿色装饰领域,如何激励企业更加积极地承担社会责任,促进可持续发展。研究者还可以关注企业在绿色装饰过程中与政府、社会组织以及其他相关利益相关者的合作与协作方式,从而形成一种多方共赢的局面。在绿色装饰项目中,企业需要注重节能减排、资源循环利用和环境保护等方面的实践,并积极探索符合可持续发展规划的商业模式。未来的研究还可以关注企业在绿色装饰中的技术创新和发展,探索新的环保材料和技术,以提高绿色产品的质量和性能。同时,研究者可以重点关注企业在绿色装饰项目中的经济效益和社会效益,进一步深化对企业社会责任和可持续发展之间的关系理解,为推动绿色装饰领域的可持续发展提供理论支持和实践指导。

三、绿色装饰材料与技术创新

(一)可再生资源利用技术研究

在绿色装饰领域,材料和技术的创新至关重要。通过研究和开发各种环保材料,如可降解材料、再生材料等,可以有效减少装饰过程中的环境污染和资源浪费。借助先进的技术手段,如 BIM 技术,可以提高装饰设计的准确性和效率,实现绿色装饰的可持续发展。

在绿色装饰过程中,如何合理利用可再生资源是一个重要课题。通过研究开发各种可再生资源利用技术,如太阳能、风能等,可以实现装饰材料的可持续利用,减少对传统能源的依赖,为绿色装饰提供更多可能性。未来的研究可以着重探讨如何将这些技术应用到装饰设计中,实现资源的最大化利用和能源的高效利用。

绿色装饰材料与技术创新对于环保建筑设计至关重要。除了开发可再生材料和利用各种环保资源,还应注重技术创新方面的探索。例如,利用智能化系统实现对装饰材料的智能监控和管理,可以有效减少能源浪费和碳排放。同时,结合虚拟现实技术,可以对装饰效果进行虚拟展示和调整,提高设计效率和客户满意度。生物仿生学的应用也有望在绿色装饰领域发挥重要作用,通过模仿自然界的设计原理,创造出更具环保和美观的装饰方案。未来的研究方向还可以探索如何将人工智能技术运用到装饰设计中,实现智能化、自动化的装饰施工过程,进一步提升装饰质量和效率。通过不断探索和创新,绿色装饰领域将迎来更加美好的发展前景。

(二)高效环保材料开发

通过本研究,我们可以得出一些结论和启示,同时也为未来的研究方向提供了一定的参考。绿色装饰材料与技术创新是当前建筑领域的热点话题,如何应用最新的 BIM 技术来推动绿色装饰的发展，将是未来研究的重点之一。高效环保材料开发也是一个不可避免的方向，在未来的研究中需要加强对新型材料的探索和开发，以满足不断增长的绿色装饰需求。希望未来的研究能够在绿色装饰领域探索更多的创新方法，为建筑行业的可持续发展做出贡献。

绿色装饰材料的研究和应用是当前建筑领域亟需解决的问题之一。随着社会对环保和可持续发展的重视日益增强，如何利用最先进的技术手段，推动绿色材料的创新和应用成为了研究者们共同关注的焦点。在未来的研究中，需要加强对于新型环保材料的开发，挖掘更多具有潜力的材料，以满足不断增长的市场需求。

同时，新技术的运用也将为绿色装饰材料的发展带来新的契机。BIM 技术的广泛应用将为绿色装饰领域的技术创新提供更多可能性，通过数字化设计和施工过程的优化，可以实现对材料的精准管理和高效利用，从而降低资源浪费，减少环境污染。

在绿色装饰材料开发的道路上，创新精神和合作共赢是至关重要的。各领域的专家可以携手合作，共同探索出更符合可持续发展理念的绿色装饰材料，为建筑行业的可持续发展注入新的活力。希望未来的研究将不断探索更多创新方法，为绿色装饰领域带来更多惊喜，为我们的生活环境带来更多清新与美好。

（三）传统工艺创新

伴随着社会的发展，人们对绿色环保的意识日益增强，绿色装饰材料与技术创新成为当前的研究热点。在 BIM 技术的应用下，绿色装饰材料的选择和设计变得更加科学和智能化，为装饰行业带来了新的发展机遇。

随着科技的不断进步，传统工艺在装饰行业中逐渐失去了竞争优势。如何利用 BIM 技术来对传统工艺进行创新，提高工艺品质和效率，是当前亟待解决的问题。通过将 BIM 技术与传统工艺相结合，可以实现工艺的数字化设计和生产，提高工艺品质和装饰效果，推动传统工艺向智能化发展。

本研究在探讨 BIM 技术在绿色装饰中的创新研究过程中发现，绿色装饰材料与技术创新是当前的发展趋势，对未来的装饰行业具有重要意义。同时，通过传统工艺创新，可以实现装饰行业的智能化和可持续发展。未来的研究应继续深入探讨绿色装饰材料与技术创新，以及如何利用 BIM 技术推动传统工艺的发展，为装饰行业的进步做出贡献。

传统工艺的传承与创新是一项艰巨的任务，但也蕴含着巨大的发展机遇。利用 BIM 技术对传统工艺进行创新，可以实现工艺的数字化设计和生产，提高工艺品质和装饰效果，从而推动传统工艺向智能化发展迈出重要的一步。在这个过程中，我们不仅需要将 BIM 技术与传统工艺相结合，更要注重保护和传承传统工艺的精髓，结合现代科技的优势，不断探索创新之路。

随着时代的发展，绿色装饰材料与技术创新已成为行业的主流趋势，而传统工艺的创新将为装饰行业带来更广阔的发展空间。智能化的传统工艺不仅可以提高生产效率，还可以满足不同消费者对于个性化装饰的需求，推动行业向着更加智能化、绿色化的方向发展。在未来的研究中，我们需要不断深入挖掘绿色装饰材料与技术创新的潜力，同时不忘传统工艺的珍贵经验，不断探索如何更好地利用 BIM 技术来推动传统工艺的升级和发展。

传统工艺的创新需要我们抛弃传统思维，勇于探索新的可能性，不断学习和吸收新的知识和技术，为装饰行业的进步做出积极贡献。相信在不久的将来，传统工艺与现代技术的完美结合将为装饰行业带来全新的发展格局，让我们共同期待传统工艺创新的美好景象。

（四）绿色智能产品应用

绿色智能产品在绿色装饰领域中的应用将是未来研究的重点之一。随着科技的不断发展，智能化产品已经开始在建筑领域广泛应用，而在绿色装饰中的运用将进一步提高装饰效果的同时减少能源消耗。未来的研究可以致力于开发更多智能化的绿色装饰产品，如智能照明系统、智能窗帘、智能空气净化器等，以实现绿色环保与智能科技的完美结合。这方面的研究将对提高建筑装饰效果、改善室内环境质量以及实现能源节约和环境保护具有重要意义。

绿色装饰材料与技术创新也是未来研究的一个重要方向。随着社会对绿色环保的重视，绿色装饰材料的研发逐渐成为行业发展的趋势。未来的研究可以聚焦于开发更多绿色环保的装饰材料，如可降解的墙面涂料、再生利用的装饰材料等，以减少装饰过程对环境的影响。同时，技术创新也是推动绿色装饰领域发展的关键，未来可以探索更多高效节能的装饰技术，如 3D 打印装饰、智能感应装饰等，为绿色装饰领域带来新的发展机遇。

通过对绿色装饰材料与技术的创新研究和绿色智能产品的应用，可以实现建筑装饰行业的可持续发展，推动建筑行业向着更加绿色、智能化的方向迈进。未来的研究将在不断探索创新的道路上取得更加丰硕的成果，为绿色装饰领域的发展提供更多有益的启示。

绿色智能产品的应用对建筑装饰行业的发展具有重要意义。在未来的研究中，可以进一步深化绿色智能产品在装饰领域的应用，如智能照明系统、智能空调系统等，以提高建筑的节能效果和舒适性。通过智能化技术的应用，可以实现建筑装饰的自动化和智能化，提升用户体验和生活品质。

未来的研究还可以关注绿色装饰材料的再生利用和循环利用，推动装饰行业向着更加可持续的方向发展。开发更多符合环保标准的装饰材料，促进装饰过程对环境的影响降到最低，实现绿色发展的目标。同时，结合智能化技术，可以打造更加智能的绿色装饰产品，提高装饰效率和质量，推动行业向着更加智能、高效的方向迈进。

通过持续地探索绿色装饰材料与技术创新，并结合绿色智能产品的应用，建筑装饰行业将迎来更加美好的未来。未来的研究将不断突破创新，为绿色装饰领域的可持续发展提供更多新的思路和可能，引领整个行业朝着环保、智能化方向迈进，为建筑行业的发展注入新的活力和动力。

(五) 装饰设计艺术创新

绿色装饰材料与技术创新是当下研究的热点之一，随着社会的发展和人们对环保意识的增强，绿色装饰材料的应用已经成为了一种趋势。在未来的研究中，我们可以进一步探讨如何利用新型材料和前沿技术，打造更加环保、耐久的装饰材料，以满足人们对绿色生活的需求。

装饰设计艺术创新是绿色装饰的灵魂所在，通过对传统设计理念的颠覆和突破，我们可以创造出更具创意和时尚感的装饰设计作品。未来的研究方向可以是如何结合当代艺术与传统文化，打造出独具个性和品味的装饰设计风格，从而引领时尚潮流并推动产业发展。

通过以上研究可以看出，绿色装饰材料与技术创新以及装饰设计艺术的创新是未来研究的重要方向，我们需要不断深入探讨，不断创新，以推动绿色装饰产业的发展，为建设绿色、环保的社会作出贡献。

在绿色装饰材料和技术创新的推动下，装饰设计艺术也将迎来更加辉煌的发展。未来，我们可以思考如何将数字化和智能化技术融入装饰设计领域，打造出更加智能、便捷的装饰方案，以满足人们对高效生活的追求。同时，也可以探讨如何结合跨界合作，引入跨学科的设计理念，创造出更具前瞻性和颠覆性的装饰设计作品。

除此之外，在装饰设计艺术创新的道路上，我们还可以思考如何注重人性化设计，从用户的需求出发，设计出更加符合人体工程学和心理学原理的装饰品。同时，也可以关注文化传承和创新，挖掘传统文化中蕴含的设计精髓，赋予装饰作品更加深厚的文化底蕴，让传统与现代完美融合。

环保意识的增强也将引领装饰设计艺术走向更加绿色、可持续的方向。我们可以探讨如何将循环再生利用的理念融入装饰设计中，打造出可回收再利用的装饰材料，为环境保护事业贡献力量。同时，也可以关注生态设计，倡导自然、简约的装饰风格，让自然之美融入到每一个装饰作品中，让人们身处其中感受到自然的美好。

总的来说，装饰设计艺术创新是永恒的主题，我们需要不断探索、勇于创新，引领时代潮流，为绿色、环保的未来社会做出更多贡献。愿我们共同努力，打造一个更加美丽、可持续的世界。

四、BIM技术在绿色装饰中的实践探索

（一）实际项目实施案例

某公司在装修建筑时使用了BIM技术，通过建模、协调和可视化等功能，成功实现了绿色装饰的目标。在项目实施过程中，BIM技术帮助项目团队更好地管理设计、施工和维护等各个环节，提高了效率和质量。同时，BIM技术也为绿色装饰提供了新的思路和方法，促进了装饰材料的环保和可持续性发展。

通过实际项目实施案例的经验，未来研究可以更深入地探讨BIM技术在绿色装饰中的应用。可以进一步研究BIM技术在装饰材料选择、能耗分析、环境评价等方面的应用，探索更多创新的方法和工具，为绿色装饰提供更加全面和有效的解决方案。

未来研究可以从以下几个方面展开：可以研究如何利用BIM技术实现装饰设计、施工和维护的全过程管理，提高整体效率和质量。可以深入研究BIM技术在绿色装饰中的应用，从原材料选择、设计优化到环境评价等各个环节进行探讨，促进装饰行业向绿色可持续方向发展。可以结合实际案例进行深入分析和总结，形成更加系统和完善的理论框架，为未来的研究提供更多有益的借鉴和启示。

未来研究可以进一步探讨BIM技术在绿色装饰领域的创新应用。可以研究BIM技术在装饰设计过程中如何提高设计效率和减少错误率，从而实现更加个性化和绿色化的装饰方案。同时，可以探讨BIM技术在装饰施工阶段的应用，通过数字化建模和协同设计，实现装饰施工过程的精细化管理，提高施工效率和质量。可以深入研究如何利用BIM技术进行装饰材料的选择和能耗分析，从而优化装饰方案，减少能源消耗，推动绿色装饰的发展。可以结合实际案例进行深入分析，总结成功的经验和教训，形成更加完善和可操作的理论框架，为绿色装饰的实践提供更加有效的指导和支持。通过进一步的研究和探讨，可以不断拓展BIM技术在绿色装饰领域的应用领域，为绿色建筑的发展提供更多创新的方法和工具，推动整个装饰行业向着绿色可持续发展的方向迈进。

（二）风险管理与质量控制

在绿色装饰领域，BIM 技术的应用已经取得了显著的成果。通过对风险管理与质量控制的深入研究和实践探索，可以有效提高装饰项目的施工质量，降低施工风险。未来的研究应该更加注重 BIM 技术在风险管理和质量控制方面的创新应用，不断完善和提升现有的模型和工具，以满足绿色装饰项目的需求。只有不断深化研究，才能更好地应对未来装饰行业面临的挑战，实现绿色装饰的可持续发展。

在绿色装饰领域，BIM 技术的广泛应用为提高施工质量和降低施工风险带来了积极的效益。通过对风险管理与质量控制的持续研究和实践，我们可以发现 BIM 技术在这一领域的潜力和优势。未来，我们应该更加注重 BIM 技术的创新应用，不断完善现有的模型和工具，以满足绿色装饰项目的需求。只有通过深化研究，我们才能更好地应对未来装饰行业面临的挑战，推动绿色装饰的可持续发展。在这个过程中，不仅需要不断改进技术和工具，还需要加强行业间的合作和共享经验，共同推动绿色装饰的发展。通过持续探索和实践，我们可以更有效地利用 BIM 技术来提升工程质量和安全性，为绿色装饰项目的实施提供更好的支持和保障。在未来的绿色装饰工程中，BIM 技术将扮演着越来越重要的角色，成为推动行业发展的重要动力之一。

（三）成本控制与效益分析

BIM 技术在绿色装饰中的创新研究结论总结：通过本研究，我们可以看到 BIM 技术在绿色装饰方面的巨大潜力。通过结合 BIM 技术和绿色装饰理念，可以实现更高效、更可持续的建筑装修过程。同时，我们也发现 BIM 技术在成本控制、效益分析等方面有着显著的优势，可以帮助设计团队更好地管理项目成本，实现项目的经济效益最大化。

对未来研究的启示：未来的研究可以继续深入探讨 BIM 技术在绿色装饰中的具体应用，探讨不同装修项目类型下 BIM 技术的适用性和效果。同时，还可以进一步研究 BIM 技术在绿色装饰中的实践经验和案例，为相关行业提供更多的借鉴和参考。

未来研究方向：未来的研究方向可以包括但不限于 BIM 技术在绿色装饰中的项目管理、建模与设计优化、成本控制与效益分析等方面的研究。同时，还可以探讨 BIM 技术在可持续建筑设计中的应用，为实现绿色建筑发展提供更多技术支持和促进作用。BIM 技术在绿色装饰中的实践探索，将是未来研究的重点方向之一，希望通过不懈努力，使 BIM 技术在绿色装饰领域发挥更大的作用，推动行业的不断创新与发展。

未来的研究还可以关注 BIM 技术在绿色装饰中的可视化效果和用户体验,通过不断改进软件界面和用户交互功能,提升 BIM 技术在装修设计中的便利性和操作性。还可以深入研究 BIM 技术在装修过程中的施工效率和工期控制,探讨如何利用 BIM 模型实现施工过程的优化和协调。进一步的研究可以聚焦于 BIM 技术在绿色装饰材料选择和资源利用上的创新应用,探讨如何通过 BIM 技术实现材料的可持续采购和循环利用。同时,未来的研究还可以探讨 BIM 技术在绿色装饰项目中的标准化和规范化应用,促进行业标准的制定和推广,提升装修行业整体的建设质量和管理水平。未来的研究方向将以 BIM 技术在绿色装饰领域的全面应用和不断创新为主线,不断推动行业的可持续发展和环保建设进程。

(四)合作模式与市场拓展

BIM 技术在绿色装饰领域的实践探索中,合作模式与市场拓展起着至关重要的作用。通过与建筑设计、建筑施工、装饰设计等相关领域的合作,可以实现 BIM 技术在整个装饰过程中的有效应用,为绿色装饰提供技术支持和保障。同时,开展与建筑企业、装饰公司等行业主体的合作,可以更好地推动绿色装饰理念的传播和实践,促进市场对 BIM 技术在绿色装饰中的认可和推广。

在市场拓展方面,可以通过开展行业交流会议、展览和论坛等活动,向市场推广 BIM 技术在绿色装饰中的应用优势和效果,吸引更多的企业和设计师参与到绿色装饰项目中来。同时,还可以通过与政府部门和相关机构合作,建立绿色装饰项目示范工程,扩大 BIM 技术在绿色装饰领域的示范效应,推动整个行业的发展和升级。

合作模式与市场拓展是推动 BIM 技术在绿色装饰领域实践探索的关键因素,只有通过不断深化合作,拓展市场,才能更好地推动绿色装饰的发展,实现绿色、环保、可持续的建筑发展目标。希望未来的研究能够更加深入地探讨合作模式和市场拓展策略,为 BIM 技术在绿色装饰中的应用提供更加全面和系统的解决方案,推动整个行业向着绿色、智能化方向迈进。

在实践探索过程中,还可以通过建立行业研究小组,深入探讨 BIM 技术在绿色装饰项目中的具体应用方案和技术细节,为行业内的企业和设计师提供更加专业的指导和支持。积极与相邻行业展开合作,比如建筑、工程等领域,共同探讨跨行业应用 BIM 技术所带来的协同效应和发展机遇。

除了通过行业交流会议、展览和论坛等活动来推广 BIM 技术在绿色装饰领域的应用优势,还可以积极利用社交媒体平台和在线推广渠道,扩大技术在市场中的曝光度和影响力。通过与知名企业、设计大师合作举办线上讲座、技术分享会等活动,向更广泛的受众传播 BIM 技术在绿色装饰中的创新理念和实践成果，吸引更多行业从业者的关注和参与。

在市场拓展过程中，还应加强与政府部门和相关机构的密切合作，共同制定相关政策和标准，推动绿色装饰项目的规范化和标准化发展。借助政府政策的支持力量，打造有利于 BIM 技术在绿色装饰领域应用的发展环境，为行业的长期发展奠定基础。

合作模式与市场拓展的重要性不言而喻。只有在不断深化合作、拓展市场的过程中，才能实现绿色、环保、可持续的建筑发展目标。期待未来的研究能够进一步完善相关策略，推动整个行业向着更加绿色、智能化的方向迈进。

（五）用户体验与满意度研究

BIM 技术在绿色装饰中的实践探索已经取得了一定的成果，但仍然存在许多挑战和机遇。未来研究可以从以下几个方面展开：可以进一步深入研究 BIM 技术在绿色装饰中的应用，探索其在实际施工过程中的效果和影响。可以对用户体验和满意度进行深入分析，从用户的角度出发，探讨 BIM 技术在绿色装饰中的优缺点，并提出改进措施。还可以结合实际案例，进行实地考察和调研，验证研究成果的有效性和可行性。BIM 技术在绿色装饰中的研究还有很大的发展空间，需要继续深入探讨，以促进绿色建筑行业的可持续发展。

用户体验与满意度研究是 BIM 技术在绿色装饰领域中一个非常关键的方面。通过对用户体验和满意度的深入研究，我们可以更好地了解 BIM 技术在绿色装饰中所带来的实际效果和影响。同时，从用户的角度出发，我们也能够更全面地评估 BIM 技术在绿色装饰中的优劣之处，并提出更有效的改进措施。

除了用户体验和满意度的研究，结合实际案例进行实地考察和调研也是十分重要的。通过实地考察和调研，我们可以验证研究成果的有效性和可行性，进一步提升 BIM 技术在绿色装饰中的应用水平。这种针对实际案例的研究方法，不仅可以加深我们对 BIM 技术在绿色装饰中的认识，还可以为绿色建筑行业的可持续发展提供更加有力的支撑。

综合以上所述，用户体验与满意度研究以及结合实际案例进行实地考察和调研，将对 BIM 技术在绿色装饰领域的研究和应用起到积极的推动作用。只有不断地深入研究和探讨，我们才能更好地利用 BIM 技术来实现绿色建筑行业的可持续发展，为我们的生活和环境创造更加美好的未来。

第三节　研究展望

一、跨学科研究的重要性

（一）工程技术与环境科学融合

在绿色装饰领域中，BIM 技术的应用已经取得了一定的成果。通过对已有研究的总结与归纳，我们可以看到 BIM 技术在设计、施工和维护阶段的优势和作用。然而，随着社会的不断发展和需求的不断提升，我们也意识到还有许多问题和挑战需要我们去攻克和解决。

未来的研究方向中，我们不仅需要关注 BIM 技术在绿色装饰中的具体应用，更需要关注跨学科研究的重要性。工程技术与环境科学的融合将是未来研究的一个重要方向。通过工程技术和环境科学的跨界合作，我们可以更好地实现绿色装饰的创新和发展，为社会和环境可持续发展做出更大的贡献。

因此，未来的研究应该更加注重跨学科的合作与交流，促进不同学科之间的融合与创新。只有通过深度融合工程技术和环境科学的研究，我们才能更好地实现 BIM 技术在绿色装饰中的创新应用，为建筑行业的可持续发展提供更多有效的解决方案。

未来的研究方向中，我们将重点关注如何通过 BIM 技术在绿色装饰领域的具体应用，推动建筑行业向着更环保、更可持续的方向发展。在这一过程中，跨学科研究的重要性愈发凸显，工程技术与环境科学的融合将为我们提供更广阔的视野和更深入的探索空间。通过不同领域的专家团队之间的积极合作与交流，我们能够更好地发掘绿色装饰领域的潜在问题并提出解决方案。

随着社会的不断发展和需求的不断提高，我们也将面临许多新的挑战和机遇。工程技术和环境科学的融合将为我们提供跨越传统学科边界的新思维和方法，帮助我们更好地理解绿色装饰的本质和发展方向。在未来的研究中，我们需要更多地关注可持续性和创新性的结合，不断开拓新的研究领域和方法，为建筑行业的可持续发展贡献力量。

在这样一个快速变化的时代，我们需要不断进行跨学科的合作与交流，促进不同领域之间的融合与合作。只有通过不同领域专家的共同努力，我们才能更有效地实现绿色装饰领域的创新和发展，为社会和环境的可持续发展提供更多有效的解决方案。工程技术与环境科学的融合将成为未来研究的重要动力，引领建筑行业走向更加可持续和绿色的发展道路。

第六章 结论与未来研究方向

(二) 社会学与市场经济联动

在 BIM 技术在绿色装饰中的实践探索中,社会学与市场经济的联动至关重要。社会学能够帮助我们更好地了解人们对于绿色装饰的认知与需求,从而指导设计与施工过程。同时,市场经济的发展也将为绿色装饰提供更广阔的市场空间,推动技术创新与应用。跨学科研究的重要性得到充分体现,不仅需要建筑学、工程学等相关领域的支持,还需要社会学、市场经济学等专业的交叉融合,共同推动 BIM 技术在绿色装饰领域的发展。

对未来研究的启示是,需要进一步深化对社会学与市场经济在绿色装饰中的作用机制的研究,探讨其对 BIM 技术应用的影响与推动作用。同时,未来研究方向也应该着力于跨学科研究的整合,加强不同学科间的合作与交流,推动绿色装饰技术的创新与应用。只有通过全方位、多角度的研究与实践,才能更好地推动 BIM 技术在绿色装饰中的发展,为建筑行业的可持续发展做出贡献。

社会学与市场经济在绿色装饰领域的作用不可忽视。通过深入研究这两者之间的联动关系,我们可以更好地了解绿色装饰的发展趋势和市场需求。在市场经济的推动下,绿色装饰技术将得到更多的关注和投入,为行业带来更多的机遇和挑战。同时,社会学的视角可以帮助我们更好地理解人们对绿色装饰的认知和需求,从而指导我们更好地设计和施工绿色装饰项目。

未来的研究方向应该着重于跨学科研究的整合,加强不同学科之间的交流与合作。只有通过不同学科的综合应用和交流,我们才能更好地解决绿色装饰领域的难题,推动技术的创新与应用。我们还需要关注市场经济对绿色装饰发展的影响,不断探索市场需求和趋势,以更好地满足市场的需求。

在未来的研究与实践中,我们应该坚持全方位、多角度的研究思路,不断深化对社会学与市场经济在绿色装饰领域的作用机制的研究。只有通过不断地探索和实践,我们才能更好地推动 BIM 技术在绿色装饰领域的发展,为建筑行业的可持续发展贡献力量。通过跨学科研究的合作与交流,我们可以共同推动绿色装饰技术的创新与应用,为建筑行业的发展开辟新的道路。

(三) 文化与历史感知相结合

随着社会的不断发展,绿色装饰已经成为建筑行业中一个重要的发展方向。而 BIM 技术作为一种创新的数字化设计工具,正逐渐在绿色装饰领域中得到广泛应用。通过本次研究,我们对 BIM 技术在绿色装饰中的创新研究进行了探索,发现了一些有价值的结论。

我们在实践中发现，BIM 技术能够帮助设计师更好地进行绿色装饰设计，提高设计效率，降低成本，减少资源浪费，从而实现可持续发展的目标。BIM 技术还能够有效地提升设计与施工之间的沟通与协作，进一步优化整个绿色装饰项目的执行效率。

在未来的研究中，我们应该进一步深入探讨 BIM 技术在绿色装饰中的实践应用，不断提升其在实际项目中的效益和价值。同时，我们还需要加强跨学科研究，结合建筑学、工程学、信息技术等多个学科领域的优势，共同推动绿色装饰领域的发展。我们还应该重视文化与历史的感知，将传统文化与现代绿色装饰相结合，打造具有独特文化内涵的绿色建筑作品。

通过不懈努力和持续探索，相信 BIM 技术在绿色装饰领域中将发挥出更大的潜力，为建筑行业的可持续发展贡献力量。期待未来的研究能够不断取得新的突破和进展，为实现绿色建筑和可持续发展目标提供科学的支持和指导。

文化与历史感知相结合是一种宝贵的思维方式，可以为绿色装饰项目注入独特的魅力和文化内涵。在设计与施工之间的沟通与协作中，如果能够更好地融合文化和历史元素，必将使整个项目更加丰富和有趣。跨学科研究的开展也是非常必要的，通过结合不同学科领域的优势，可以为绿色装饰领域带来更多创新和突破。

未来的研究应该不断深入 BIM 技术在绿色装饰项目中的应用，进一步提高其在实践中的价值和效益。只有不断探索和实践，才能让 BIM 技术发挥出更大的潜力，为建筑行业的可持续发展带来更多的动力和可能性。同时，重视传统文化的感知也至关重要，将传统文化融入现代绿色建筑设计中，不仅可以为项目赋予独特韵味，还能传承和弘扬中华传统文化的精髓。

通过不懈的努力和持续的研究，相信绿色装饰领域将会迎来更多的发展机遇和挑战，为建筑产业的可持续发展贡献更多力量。期待未来的研究能够不断取得新的突破和进展，为推动绿色建筑和可持续发展目标的实现提供更多科学支持和指导。让我们共同努力，打造更加美好、绿色的未来建筑环境。

（四）心理与人性需求关联

绿色装饰作为一种新兴的设计理念，不仅是对环境友好的一种表现，更是对人们内心的需求与情感的呼应。通过 BIM 技术在绿色装饰中的应用探索，可以更好地满足人们对美与舒适的追求，同时减少对环境的负面影响。未来的研究应该更加注重跨学科研究的重要性，将工程技术与人文社科相结合，深入挖掘绿色装饰背后与人性需求相关联的意义。只有这样，我们才能在绿色装饰领域取得更大的突破，实现真正意义上的可持续发展。

绿色装饰的发展并不仅停留在环境友好和美观的层面上，更深层次的是对人们内心情感需求的呼应。在当今社会，人们对生活品质和舒适度有着越来越高的要求，而绿色装饰正是满足这种需求的最佳选择之一。通过 BIM 技术在绿色装饰中的应用，不仅可以提高设计效率，减少浪费，更能够实现个性化需求的实现。绿色装饰所蕴含的美感和舒适度不仅是表面的装饰，更是一种对人性需求的深刻理解和关注。

未来的研究方向应该更加注重跨学科的整合，将工程技术与人文社科相结合，从而实现对绿色装饰内在意义的深入挖掘。只有这样，才能真正领悟绿色装饰与人性需求之间的深刻联系，从而为绿色装饰领域的可持续发展打下坚实的基础。通过不断地探索和创新，我们将能够在绿色装饰领域取得更大的突破，为建设更美好的家园和社会做出更大的贡献。让绿色装饰不仅是一种装饰，更是一种关怀和呵护，为人们创造出更加舒适宜居的生活环境，实现环境、经济和社会的和谐统一。

二、专业人才培养的方向

(一) BIM 技术培训需求分析

通过本研究，我们可以得出结论，BIM 技术在绿色装饰领域具有创新性，并在实践中展现出巨大潜力。未来研究应该更加注重 BIM 技术在绿色装饰中的应用，以期能够为行业的可持续发展提供更多解决方案。同时，在专业人才培养方面，应该致力于培养具有 BIM 技术背景的人才，以满足市场的需求。针对 BIM 技术培训需求的分析也是一个重要课题，可以帮助我们更好地了解市场的变化和行业的发展方向。未来的研究方向应该聚焦于 BIM 技术在绿色装饰中的实践探索，以及专业人才培养的方向，同时应该深入分析 BIM 技术的培训需求，为相关机构和企业提供更有针对性的解决方案。

通过本研究可看出，BIM 技术在绿色装饰领域的创新性和巨大潜力。未来的研究趋势应更注重 BIM 技术在绿色装饰中的应用，为行业的可持续发展提供更多解决方案。同时，专业人才的培养也至关重要，应培养具备 BIM 技术背景的人才来满足市场需求。针对 BIM 技术培训需求的分析是一个重要课题，帮助我们了解市场变化和行业发展方向。未来的研究方向应集中在 BIM 技术在绿色装饰中的实践探索和专业人才培养，同时要深入分析 BIM 技术的培训需求，为相关机构和企业提供更有针对性的解决方案。在未来的研究工作中，也需要关注 BIM 技术在绿色装饰中的示范项目和案例，以及专业人才培养计划的实施情况。只有通过持续的研究和实践，我们才能更好地推动 BIM 技术在绿色装饰领域的发展，为行业的可持续发展贡献更多有效的解决方案。

(二) 环境保护意识培养

在绿色装饰领域，BIM 技术的应用已经取得了显著成果。通过本次研究，我们可以看到 BIM 技术在建筑装饰领域的创新应用，为绿色装饰提供了更加高效和智能的解决方案。未来的研究方向可以在进一步深化 BIM 技术在绿色装饰中的实践探索上展开，探讨如何将 BIM 技术与绿色装饰理念更好地结合，实现建筑装饰的绿色化和可持续发展。

在专业人才培养方面，我们需要培养更多具备 BIM 技术和绿色装饰理念的人才，他们应具备跨学科的能力，能够将 BIM 技术与绿色装饰知识相结合，为建筑装饰行业的可持续发展做出贡献。同时，我们也需要重视环保意识的培养，让更多的人意识到绿色装饰的重要性，激发大家保护环境的积极性，为建筑装饰行业的可持续发展贡献自己的力量。通过这些努力，我们相信 BIM 技术在绿色装饰领域将会有更加广阔的应用前景，为建筑行业的可持续发展注入新的活力。

在建筑装饰行业的发展过程中，环境保护意识的培养显得尤为重要。我们应该致力于培养更多具备 BIM 技术和绿色装饰理念的专业人才，他们可以跨学科地运用知识，为行业的可持续发展注入新的动力。除此之外，我们也需要加强环保意识的普及和培养，让更多人认识到绿色装饰的重要性，从而积极参与到环保行动中。通过这种方式，我们相信在绿色装饰领域的研究将有更大的突破和应用，为整个建筑行业的可持续发展贡献自己的力量。

借助 BIM 技术和绿色装饰理念的结合，我们可以更高效地实现建筑装饰的绿色化目标。未来的研究方向应着眼于进一步深化 BIM 技术在绿色装饰中的应用，探讨如何更好地将技术与理念结合，以推动行业的发展。同时，专业人才的培养也是至关重要的一环，他们需要具备全面的能力和意识，以应对日益复杂的市场需求。通过全社会的共同努力，我们可以促进绿色装饰理念的普及和推广，为环保事业贡献自己的一份力量，推动建筑装饰行业向着更加可持续的方向发展。

(三) 创新设计能力培养

在未来的研究中，我们应该关注 BIM 技术在绿色装饰领域的实际应用和效果。通过实践探索，可以更好地发现 BIM 技术在设计、施工、运营和维护过程中的优势和不足，进一步完善技术应用和解决实际问题。未来的研究方向可以包括如何通过 BIM 技术实现绿色装饰的高效、节能和环保，以及如何提升 BIM 技术在绿色装饰中的创新应用。在专业人才培养方面，应该注重学生对 BIM 技术的深入理解和熟练运用，培养他们在绿色装饰设计中的创新能力和实践能力。创新设计能力的培养不仅可以促进学生在实践中的表现,更能够培养他们对绿色装饰和 BIM 技术的不断探索和创新意识,为行业的发展注入新的活力和动力。

在培养专业人才方面,我们需要注重学生对绿色装饰和 BIM 技术的整体理解和深入学习。通过开展实践课程和项目案例分析,学生可以更好地掌握 BIM 技术在绿色装饰中的应用,培养他们的实践技能和解决问题的能力。同时,我们也应该引导学生思考如何在设计过程中发挥 BIM 技术的优势,实现高效、节能和环保的绿色装饰效果。为了提升学生的创新设计能力,我们可以通过开展创意工作坊、主题讨论和设计比赛等活动,激发学生的创新灵感和设计激情。通过这些方式,学生可以锻炼自己在绿色装饰领域的创新思维和设计能力,为未来的实践工作做好准备。在专业人才培养过程中,我们还应该关注学生的团队合作能力和跨学科综合能力。通过开展团队项目、合作研究和学术交流活动,学生可以提升自己的团队协作和沟通能力,更好地适应未来工作环境的需求。最终,通过全方位的培养和实践,我们将培养出一批具有创新设计能力和实践能力的绿色装饰领域专业人才,为行业的可持续发展贡献力量。

(四) 国际视野与跨文化沟通技巧

在未来的研究中,我们需要更加重视国际视野和跨文化沟通技巧的培养。随着全球化的加深,跨国合作已经成为一种趋势,而强大的国际视野和跨文化沟通技巧能够帮助我们更好地融入国际学术界,获取更多的研究资源和合作机会。因此,我们需要加强对专业人才的培养,培养他们具备国际化的眼光和跨文化沟通的能力。只有这样,我们的绿色装饰研究才能走向更加广阔的国际舞台,为全球绿色装饰事业的发展做出更大的贡献。

在未来的研究中,国际视野与跨文化沟通技巧的培养将成为重中之重。全球化的潮流下,跨国合作不断增多,这需要我们具备更强的国际化视野和跨文化沟通技能。只有通过持续的学习和实践,我们才能更好地适应国际学术界的发展趋势,获取更多的研究资源和合作机会。

在这个过程中,不仅需要加强对专业人才的培养,也需要鼓励学术界加强国际交流与合作。通过参加国际会议、交流访问、联合研究项目等方式,我们能够结识更多来自不同文化背景的学者,拓展眼界,汲取他人的智慧,促进绿色装饰领域的全球化发展。

同时,跨文化沟通技巧的重要性也不容忽视。在与外国学者合作时,我们需要更加灵活地运用语言和交流方式,尊重对方文化差异,避免交流误解,促进合作的顺利进行。只有具备了这样的沟通能力,我们才能更好地融入国际学术圈,为绿色装饰研究的国际化发展贡献自己的力量。

国际视野与跨文化沟通技巧的培养是当前和未来研究的重要课题。我们需要不断学习、积累经验，拓展国际视野，提升跨文化沟通技能，以更好地适应全球化的趋势，促进全球绿色装饰事业的繁荣发展。愿我们在不断学习中，走向更广阔的国际舞台，为绿色装饰事业的未来发展做出更大的贡献。

三、绿色装饰行业体系构建

（一）产业链优化整合

绿色装饰行业作为建筑装饰行业的一个重要分支，其产业链的优化整合对于行业的可持续发展起着至关重要的作用。通过 BIM 技术在绿色装饰中的实践探索，可以更好地实现产业链的优化整合，从而推动行业的发展和进步。未来的研究方向应当着重于绿色装饰行业体系的构建，包括从材料供应商、装饰设计师、施工方到装饰公司和用户端的全方位优化整合，实现产业链的协同发展，推动绿色装饰行业向着更加健康、可持续的方向发展。

在研究展望方面，可以进一步深入探讨如何通过 BIM 技术实现绿色装饰的全过程管理，包括设计、施工、监管等环节的优化整合；同时，还可以研究如何通过 BIM 技术实现绿色装饰材料的智能化管理和循环利用，以减少资源浪费和环境污染。还可以探讨如何通过 BIM 技术实现绿色装饰的个性化定制和智能化服务，满足用户对于环保、健康、美观的多重需求，推动绿色装饰行业向着更加智能化、个性化的方向发展。

通过 BIM 技术在绿色装饰中的创新研究，可以为绿色装饰行业的发展提供重要的启示和方向，进一步推动行业的可持续发展。期待未来的研究能够更加深入地探讨产业链优化整合的意义和方法，为绿色装饰行业的未来发展注入新的活力和动力。

通过 BIM 技术在绿色装饰领域的持续创新，将为产业链优化整合提供更多可能性。未来在绿色装饰领域，可以进一步探讨如何通过 BIM 技术实现装饰设计的数字化定制，以满足不同用户对于个性化风格的需求。同时，可以深入研究如何利用 BIM 技术实现装饰施工的智能化监管和管理，提高工程的施工效率和质量。

通过 BIM 技术还可以实现装饰材料的信息化管理和追溯，确保材料的安全性和环保性。在绿色装饰行业的未来发展中，可以继续探讨如何通过 BIM 技术实现装饰工艺的智能优化和提升，推动装饰工艺水平的不断提高。

在展望未来研究方向时，还可以深入研究如何通过 BIM 技术实现装饰项目的整体集成和协同，促进各环节之间的信息互通和协作，实现产业链的无缝连接。同时，可以继续探讨如何通过 BIM 技术实现装饰项目的可视化管理和效果展示，提升项目的吸引力和市场竞争力。

通过不断的创新与探索，BIM 技术将在绿色装饰行业发挥越来越重要的作用，推动行业向着智能化、个性化和可持续发展的方向迈进。期待未来的研究能够进一步深入探讨 BIM 技术在绿色装饰中的应用潜力和发展路径，为行业的未来发展注入新的活力和动力。

(二) 生态环保产业链构建

生态环保产业链构建是当前绿色装饰领域发展的重要方向之一。通过建立健全的产业链，可以有效促进绿色装饰的可持续发展，推动行业向更加环保、高效的方向发展。在构建生态环保产业链的过程中，需要整合资源、加强合作，不断提升技术水平和管理水平，推动绿色装饰产业向更加绿色、智能化、可持续化的方向发展。

生态环保产业链构建也可以为绿色装饰行业带来更多的商机和发展机遇。通过引入先进的技术和理念，激发企业创新活力，优化产业结构，提升产品质，满足消费者对绿色环保产品的需求，拓展市场空间，促进行业良性发展。同时，生态环保产业链构建也可以为企业提供更多的发展路径和发展空间，推动企业向着更加环保、可持续、有竞争力的方向发展。通过构建生态环保产业链，可以实现资源优化配置，提升节能减排水平，推动生态文明建设，助力实现绿色可持续发展目标。

在未来的研究中，可以进一步深入探讨生态环保产业链构建的具体路径和模式，探索产业链中的难点和瓶颈问题，并提出相应的解决策略。同时，还可以研究生态环保产业链构建对绿色装饰行业发展的影响及作用机制，为行业发展提供更具有实践指导意义的研究成果。通过不断深化研究，可以为绿色装饰行业的可持续发展提供更加科学、有效的支持，推动行业向着更加环保、智能化、可持续化的方向迈进。

生态环保产业链构建对于绿色装饰行业的发展具有重要的促进作用。通过构建完善的产业链，可以有效整合资源，提高装饰产品的质量和环保性，推动整个行业向着更加绿色和可持续的方向发展。同时，生态环保产业链的建立也可以促进装饰企业之间的合作与交流，加强行业内部的协作与共享，推动行业技术的不断创新与进步。

在未来的研究中，需要深入探讨如何建立起一个更加完善和高效的生态环保产业链，如何解决产业链中可能遇到的难题和瓶颈问题。同时，还需要进一步研究生态环保产业链构建对装饰企业的经济效益和社会效益带来的具体影响，为企业提供更具有实践指导意义的发展策略和实施方案。通过持续深化研究，可以为绿色装饰行业的长期可持续发展提供有力的支持，带动整个行业向着更加环保、智能化和创新化的方向不断前行。生态环保产业链的构建不仅是一种方式,更是一种必然趋势,它将引领绿色装饰行业迈向更加光明的未来。

(三) 政策规划与实施

绿色装饰行业的发展受到政策规划与实施的影响至关重要。在未来的研究中,应该重点关注政策对于绿色装饰行业的引导和支持作用。政府在推动绿色装饰行业发展方面起着至关重要的作用,应该加强政策的制定和实施,为行业提供更多的政策支持和经济激励措施。同时,政府还应该加大对于绿色装饰行业相关法律法规的制定和监督力度,确保行业的健康发展和规范运行。政策的宣传和普及也是非常重要的,需要借助各种宣传渠道,提高公众对绿色装饰的认知和接受度,推动全社会对环保装饰的重视和支持。在未来的研究中,还需要深入研究政策对绿色装饰行业发展的影响机制,探讨不同政策对于企业和消费者行为的影响路径,为政府部门提供更科学的政策制定建议,促进绿色装饰行业的可持续发展。

政策规划与实施对于绿色装饰行业的发展具有重要的影响。在当前社会环境下,政府的支持和引导对于推动绿色装饰行业的可持续发展至关重要。除了政策的制定和实施外,政府还应该注重监督力度,确保行业的健康运行。同时,政策的宣传和普及工作也是必不可少的,通过各种宣传渠道向公众传递环保装饰理念,提高社会对绿色装饰的认知和接受度。

在未来的研究中,研究者需要更深入地探讨政策对绿色装饰行业发展的影响机制。政策对于企业和消费者行为产生的影响路径是一个复杂而又值得研究的课题,只有深入挖掘其中的规律和机制,才能为政府部门提供更科学的政策制定建议,进一步推动绿色装饰行业的可持续发展。

政府还应该加大对绿色装饰行业相关法律法规的制定和监督力度,以确保行业的规范运行。通过建立更为完善的法律法规体系,促进企业和从业者遵守相关规定,进一步规范市场秩序,推动行业的良性发展。

总的来说,政策规划与实施对于绿色装饰行业的发展起着决定性的作用。只有通过政府的支持和引导,加大政策的制定和实施力度,加强对法规的监督和宣传,才能进一步推动绿色装饰行业朝着更加环保、可持续的方向发展。

四、未来研究方向展望

(一) 可持续发展目标的靶向研究

可持续发展目标的靶向研究是当今社会发展的必然趋势,绿色装饰作为建筑行业的重要组成部分，对实现可持续发展目标起着至关重要的作用。BIM 技术的应用为绿色装饰领域带来了新的机遇和挑战。通过对 BIM 技术在绿色装饰中的创新研究，我们可以更好地把握可持续发展目标的要求，实现建筑行业的绿色转型。

未来的研究方向应当聚焦在 BIM 技术在绿色装饰中的实践探索上。通过深入研究 BIM 技术在绿色装饰领域的具体应用，可以发现更多的创新点和解决方案，为建筑行业的可持续发展提供有力支持。同时，还需要关注 BIM 技术在绿色装饰中的实际效果，通过实践探索验证其在实际工程中的可行性和效益，为绿色建筑的发展提供更加可靠的数据支撑。

在未来的研究中，我们还需要关注可持续发展目标的靶向研究。即通过明确的目标设定，针对性地开展研究工作，实现绿色装饰的可持续发展。通过制定具体且可衡量的目标，可以更好地指导研究工作的开展，提高研究成果的实际应用效果，推动建筑行业向更加可持续的方向迈进。

BIM 技术在绿色装饰中的创新研究不仅可以为建筑行业带来更多的创新和发展机遇，同时也是实现可持续发展目标的重要途径。通过深入的实践探索和针对性的研究工作，我们可以为建筑行业的绿色发展注入新的活力和动力，推动绿色装饰向着更加美好的未来迈进。

在未来的研究中，我们需要更加深入地探讨绿色装饰领域的创新和发展。通过不断地挖掘和应用 BIM 技术，可以为建筑行业带来更多的机遇和挑战。在可持续发展目标的指导下，我们可以借助先进的技术手段，实现绿色装饰的优化和提升。注重绿色装饰的设计和施工过程中的节能环保理念，也是推动绿色装饰向前发展的关键因素。

随着社会对绿色建筑需求的不断增长，绿色装饰行业正逐渐成为建筑领域的热门话题。通过结合 BIM 技术和可持续发展目标，我们可以探索更多的创新路径，推动建筑行业朝着更加环保和可持续的方向迈进。在未来的研究中，需要加强各领域之间的合作与交流，共同努力实现绿色建筑的可持续发展目标。

在绿色装饰领域，持续改进和创新是推动行业发展的关键。只有不断地探索新的技术和方法，才能为绿色建筑注入更多的活力和动力。通过与实践结合，我们可以不断地验证和完善研究成果，为绿色装饰的发展提供更为可靠的数据支撑。最终，我们相信通过不懈的努力和合作，绿色装饰行业将迎来更加美好的未来。

（二）技术创新与社会进步探索

在绿色装饰领域，BIM 技术的应用已经展现出了巨大的潜力和优势。通过本次研究，我们可以看到 BIM 技术在绿色装饰中的创新应用，不仅可以提高装饰项目的效率和质量，也可以有效减少资源浪费和环境污染。未来的研究应该继续探索 BIM 技术在绿色装饰中的实践应用，以进一步推动行业的发展和创新。

我们的研究也给未来研究提供了一些启示，即可以进一步深入探讨 BIM 技术在绿色装饰中的应用路径和效果评估，同时也可以结合其他新兴技术如人工智能、物联网等来推动绿色装饰行业的发展。未来研究还可以围绕 BIM 技术在绿色建筑设计、施工过程中的应用展开，从而为实现可持续发展目标提供更多的支持和帮助。

在未来的研究方向上，我们可以继续探讨如何将 BIM 技术与绿色装饰实践相结合，进一步提高装饰项目的效率和品质。同时也可以研究如何利用 BIM 技术来优化装饰项目的施工管理和安全控制，以及如何实现装饰材料的合理利用和循环利用。通过不断地技术创新和实践探索，我们相信可以为绿色装饰行业的可持续发展做出更大的贡献，推动社会进步和绿色建筑的发展。

在技术创新和社会进步的推动下，绿色装饰行业正迈向新的发展高度。BIM 技术的应用为装饰项目的效率和品质提供了更好的保障，同时也为装饰材料的合理利用和循环利用带来了新的可能性。随着人工智能和物联网等新兴技术的不断融合，绿色装饰行业的发展前景更加广阔。

未来的研究方向可能会进一步探讨 BIM 技术与绿色装饰实践的深度结合，以实现更加智能化和可持续化的装饰方案。同时，也可以研究如何运用 BIM 技术来优化装饰项目的施工管理和安全控制，提高整体工程效率和施工质量。更重要的是，研究人员可能会致力于探索如何实现装饰材料的最大化利用和资源的高效循环利用，以减少资源浪费和环境污染。

通过持续的技术创新和实践探索，我们相信绿色装饰行业将迎来更加美好的未来。这不仅将为社会进步带来积极的推动力量，还将为建筑业的绿色发展贡献更多力量。因此，我们需要不断探索和前行，以实现绿色建筑行业的可持续发展目标，为构建更加环保和宜居的社会环境而不懈努力。

（三）跨界合作与共赢发展愿景

在 BIM 技术在绿色装饰中的创新研究中，跨界合作和共赢发展愿景变得愈发重要。通过不同领域的专家、学者、企业和政府机构之间的合作，可以促进研究成果的更好应用和推广。跨界合作可以为绿色装饰领域带来新的思路和方法，加速行业的转型升级。共赢发展愿景意味着各方共同努力，实现互惠互利的局面，共同推动整个行业的发展。

通过跨界合作和共赢发展愿景，未来的研究可以更多地关注实际应用和市场需求，从而促进绿色装饰领域的可持续发展。同时，跨界合作也可以促进 BIM 技术与其他相关技术的融合创新，为绿色装饰领域的发展提供更多可能性。未来的研究方向将更加注重绿色装饰的实践探索，通过跨界合作，探索出更多适用于实际工程的创新方法和技术。

在研究展望中，我们看到跨界合作和共赢发展愿景的重要性将不断凸显。未来的研究将更加注重跨学科、跨行业的合作，汇集各方智慧，共同探索绿色装饰领域的创新之路。通过共同努力，我们有信心实现跨界合作与共赢发展愿景，为绿色装饰领域的可持续发展贡献力量。愿景的实现需要我们共同努力，让 BIM 技术在绿色装饰中发挥更大的作用，推动行业的健康发展。

未来的研究方向将更多地聚焦于实际工程应用，并结合市场需求进行探索。通过跨界合作，我们可以期待 BIM 技术与其他相关技术的融合创新，为绿色装饰领域带来更多的可能性。在实践探索中，我们需要不断努力寻找适用于实际工程的创新方法和技术。跨学科、跨行业的合作将成为未来研究的重要方向，集结各方智慧共同探索绿色装饰领域的创新之道。通过合作努力，我们有信心实现跨界合作与共赢发展愿景，为绿色装饰领域的可持续发展贡献力量。我们共同的目标是让 BIM 技术在绿色装饰中发挥更大的作用，推动整个行业的健康发展。通过持续的努力和合作，我们可以实现绿色装饰领域的可持续发展，为建筑行业的未来注入更多活力和创新。愿景的实现需要我们的共同奋斗，让我们携手并进，共同开创绿色装饰领域的美好未来。

参考文献

[1] 李晓庆.基于BIM技术的绿色建筑装饰设计评价研究[J].居舍，2021，(14)：17-18.

[2] 何煊强.BIM技术在住宅装饰中的运用[J].闽西职业技术学院学报，2021，23(03)：113-117.

[3] 杨婷，张钰巧，陈绅维，革非，聂贤，杨烨安.BIM技术在暖通与装饰正向协同设计中的实践与创新应用[A].《第十届BIM技术国际交流会——BIM赋能建筑业高质量发展》论文集[C].中国图学学会土木工程图学分会、《土木建筑工程信息技术》编辑部：2023：244-248.

[4] 陈皓宇.BIM技术在高大空间类建筑装饰中的应用探析[J].建设科技，2022，(09)：87-91.

[5] 王兴虎，董密，陈才羽，郑群，周宁.建筑装饰工程中BIM技术的应用[J].中国建筑装饰装修，2023，(12)：61-63.

[6] 林茹.BIM技术在建筑装饰装修中的应用研究[J].特种结构，2021，38(05)：121-124.

[7] 彭启昕.BIM技术在绿色建筑设计中的应用研究[J].中华建设，2022，(10)：103-104.

[8] 李志辉.GIS与BIM技术在绿色设计中的应用研究[J].城市勘测，2021，(05)：47-50.

[9] 李军.建筑装饰装修工程中BIM技术的应用[J].中国建筑装饰装修，2023，(19)：60-62.

[10] 王承.BIM技术在绿色建筑施工管理中的应用[J].Engineering Research and Application，2023，1(1)：

[11] 李凡，周军.BIM技术在既有建筑绿色改造中的运用[J].中国建筑装饰装修，2023，(06)：61-63.

[12] 潜兰.BIM技术在绿色建筑设计中的应用[J].房地产世界，2022，(16)：64-66.

[13] 杨楷丰.BIM技术在绿色建筑设计中的运用[J].砖瓦，2022，(05)：93-95.

[14] 余骏.BIM技术在绿色建筑设计中的应用[J].居舍，2023，(24)：80-83.

[15] 韦刘海.BIM 技术在绿色建筑设计中的实施[J].居舍，2022，(34)：107-109.

[16] 李强.基于 CiteSpace 的 BIM 技术在绿色建筑中的应用研究[J].中国水运，2023，(09)：119-121.

[17] 赵守恒.基于 BIM 技术在绿色建筑设计中的应用研究[J].广东建材，2023，39(04)：79-82.

[18] 冷桂丽，曹汐，周诗雄.绿色装饰材料在星级酒店装饰中的应用研究[J].佛山陶瓷，2023，33(05)：126-129.

[19] 曾猛.BIM 模型技术在建筑装饰装修中的应用[J].居舍，2023，(08)：67-69.

[20] 纪建军.BIM 技术在绿色建筑施工材料管理中的应用[J].中国住宅设施，2023，(06)：172-174.

[21] 高鹏.BIM 技术在绿色建筑质量管理中的运用[J].绿色建造与智能建筑，2023，(05)：30-32.

[22] 周欣.BIM 技术在绿色建筑设计中的应用探究[J].四川水泥，2022，(02)：147-149.

[23] 王坤.BIM 技术在绿色建筑节能设计中的应用[J].住宅与房地产，2021，(24)：84-85.

[24] 刘善良.BIM 技术在绿色智能建筑设计中的应用研究[J].绿色建造与智能建筑，2023，(07)：28-30+34.

[25] 王娟娟.基于 BIM 的智能建造技术在绿色建筑中的应用[J].黑龙江科学，2023，14(20)：129-131.

[26] 彭茂龙.刍议 BIM 技术在绿色建筑设计中的具体运用[J].建筑科学，2021，37(03)：165-166.

[27] 李伟.BIM 技术在绿色建筑材料管理中的应用实践[J].居舍，2023，(18)：34-37.

[28] 李凡.BIM 技术在既有建筑绿色改造中应用的优势探析[J].居业，2023，(10)：4-6.

[29] 李娜.BIM 技术在绿色施工中的管理及有效应用[J].中小企业管理与科技(中旬刊)，2021，(12)：176-178.

[30] 茹幸，李波，姬永铁.BIM 技术在新型装配式绿色建筑中的应用[J].建筑技术开发，2021，48(20)：51-52.